Marcus Wadsak | Paula Dorten

LETZTE GENERAT!ON

DAS KLIMAMANIFEST

braumüller

Letzte Generation

MW „Meine sehr geehrten Damen und Herren. Es reicht!“ – So hat ein österreichischer Politiker einst eine Regierungskoalition aufgekündigt. Und es ist genau dieser Satz, der mir im Jahr 2021 immer wieder und immer öfter in den Sinn gekommen ist. ES REICHT! Vor ziemlich genau zwei Jahren habe ich ein Buch über den Klimawandel geschrieben. Ein Buch mit allen Fakten, die das grundlegende Wissen um die Bedrohung durch die globale Erwärmung bilden. Darin habe ich nicht nur erklärt, dass wir Menschen den aktuellen Klimawandel verursachen und für den globalen Temperaturanstieg verantwortlich sind, sondern auch beschrieben, was uns droht, wenn wir nicht rasch dagegen ankämpfen. Klar und deutlich habe ich zudem darauf hingewiesen, dass wir nicht mehr viel Zeit haben und es dringend und wichtig ist, vom Wissen ins Handeln zu kommen. Doch was ist seitdem passiert? Was muss noch passieren? Was, um Himmels willen, muss noch passieren, damit wir endlich handeln?

Diese Frage stelle ich mir sehr oft und werfe sie auch bei Diskussionen gerne in die Runde. Als Antwort höre ich meist, dass wir erst handeln werden, wenn wir die Folgen der globalen Erwärmung am eigenen Leib spüren. Vielen ist dabei völlig klar, dass es dann zu spät sein wird. Es ist für mich vollkommen unbegreiflich, wie einige Menschen nach wie vor ausblenden, dass die Auswirkungen bereits deutlich zu erkennen sind. Extremwetterereignisse werden immer häufiger und heftiger. Sie kosten uns Jahr für Jahr unglaubliche Summen an Geld und manchen Menschen sogar ihr Leben. Sie halten das für übertrieben?

Nun, blicken wir beispielsweise auf das Jahr 2021 zurück: Ein verheerender Tornado formierte sich im Juni an der Grenze von Österreich zu Tschechien und tötete keine 50 Kilometer von Poysdorf im Weinviertel entfernt fünf Menschen. Ebenfalls im Juni baute sich eine enorme Hitzewelle über Kanada auf. An vier Tagen in Folge wurde der jeweils bisherige Temperaturrekord noch einmal bei Weitem übertroffen. Bei knapp 50 °C war Schluss, allerdings auch für 50 Menschen, die dort dem Extremwetter zum Opfer gefallen sind. Im Juli starben in Deutschland weitere 200 Menschen im Zuge eines Hochwassers, nach Rekordregenfällen. Die Waldbrände in Griechenland trieben mehr als 1000 Menschen in die Flucht vor den lodernden Flammen, ein paar konnten nicht mehr rechtzeitig fliehen. In New York wurden noch nie dagewesene Regenmengen verzeichnet. Hurrikan Ida hatte sich am Weg in den Big Apple zwar abgeschwächt, die Regenmassen waren dennoch zu viel für die Stadt und 40 Menschen kamen ums Leben.

Das sind nur fünf von vielen Extremwetterereignissen im Jahr 2021, und die Wissenschaft rechnet uns vor, dass bereits vier davon Auswirkungen des menschengemachten Klimawandels sind. Wir sind also nicht einmal in einer reichen, westlichen Millionenmetropole wie New York sicher vor den Folgen der Klimakrise. Der Klimawandel ist längst tödlich geworden, und zwar rund um den Globus. Warum kämpfen wir noch nicht, als würde es um unser Leben gehen? – Es geht um unser Leben.

Zu diesem Buch

Es ist mir sehr wichtig aufzuzeigen, welche enorme Gefahr der Klimawandel für uns darstellt, wenn wir nichts dagegen unternehmen. Seit mehr als 15 Jahren halte ich aus diesem Grund Vorträge zum Thema Klimawandel und dessen Folgen. Ich habe außerdem die internationale Klimaplattform „Climate without Borders“ mitbegründet, um mit anderen Expert*innen im Austausch sein zu können und direkt von den Auswirkungen der globalen Erwärmung zu erfahren. Ich versuche, soweit es nur irgendwie möglich ist, Klimafreundlichkeit vorzuleben.

Mein Einsatz für ein gutes Klima hat mir viele schöne Momente und Begegnungen beschert. Der österreichische Bundespräsident Alexander Van der Bellen besuchte mich in der ORF-Wetterredaktion zum Erfahrungsaustausch, beim Austrian World Summit konnte ich mich gemeinsam mit Arnold Schwarzenegger für ein gutes Klima einsetzen. Und ich durfte Greta Thunberg live in Wien erleben.

Viele junge Menschen machen mir Mut und geben mir Kraft und Zuversicht. Allen voran meine eigenen Kinder. Mein Sohn Jan ist heute 23 Jahre alt und denkt nicht daran, einen Führerschein zu machen, weil er keinen braucht. Meine Tochter Ina hat ihre Ernährung umgestellt und so der ganzen Familie gezeigt, dass es auch ohne Fleisch geht und schmeckt. Mein Jüngster, Tim, gibt mir tagtäglich Kraft, weil er mir sehr dankbar ist, dass ich mich mit so viel Engagement und Herzblut für seine Zukunft und die seiner Freunde einsetze. Zusammen hörten wir einmal den Song „Helden von Heute“ von Falco. Tim schaute zu mir und wiederholte eine Textzeile: „Wir haben den Blick in der Zukunft.“ Und genau das wollen wir weiterhin: auf eine gute Zukunft für alle Menschen blicken.

Viele junge Menschen sind in den vergangenen Jahren auf die Straßen gegangen, um auf ihre Sorgen und Ängste aufmerksam zu machen und uns wachzurütteln. Fridays for Future ist eine Bewegung, die ich sehr bewundere und schätze. Vor allem haben diese engagierten jungen Menschen Recht und ein Recht darauf laut zu sein!

Eine Aktivistin, die mir zunächst auf YouTube aufgefallen ist, ist Paula. Ich war fasziniert von ihrer Herangehensweise, von ihrer Sprache, von der Klarheit, der Energie. Sie findet andere Worte und Ansätze, mit denen wir noch mehr Menschen davon überzeugen können, dass dringender Handlungsbedarf besteht.

Sehr rasch war mir klar, dass das eine wunderbare Ergänzung sein würde. Es hat nicht lange gedauert, bis die Idee eines gemeinsamen Buches geboren war, in dem wir unsere Gedanken, Worte, Ideen und Aufforderungen an Mitmenschen und die Politik bündeln können.

Und so sitzen wir jetzt vor vielen leeren Seiten, die zu unserem Manifest werden sollen. Ich bin selbst gespannt und freue mich darauf. Los geht’s.

Letzte Generation

PD Es ist Anfang November und ich sitze an einem großen ovalen Holztisch mit einem Verleger und einer Lektorin. Die Bücherregale reichen bis an die Decke. Ich bin neugierig und ein bisschen aufgeregt. Und dann gesellt sich Marcus Wadsak per Videokonferenz zu uns, wir hören seine Stimme durch die Lautsprecher. Auf seinem T-Shirt ist ein blauroter Farbverlauf abgebildet. Die Warming Stripes. Ich muss lächeln. Bis dahin kannte ich Marcus nur als „Wetterfrosch" und Klimaexperten aus dem Fernsehen. Sein erstes Buch haben mir meine Großeltern vergangenes Jahr zu Weihnachten geschenkt. Und jetzt, ein paar Monate später, sitze ich in einem Verlag, und wir besprechen unser gemeinsames Manifest. Wir haben es uns beide zur Aufgabe gemacht, den Menschen die Gefahr der Klimakrise bewusst zu machen und die Politik zum Handeln zu bewegen. Er als Experte und ich als Aktivistin. Wir gehören zwar unterschiedlichen Generationen an, aber gemeinsam sind wir die letzte, die noch etwas ändern kann.

Ich frage mich, wie zerbrochen diese Welt sein muss, in der eine 16-Jährige ein Manifest schreibt, um ihre Zukunft zu retten. Die Klimakrise macht mir Angst. Sie ist ein permanenter Gedanke, der sich in meinen Hinterkopf gefressen hat, ich sehe sie überall. Doch die Politik glaubt, ich sehe Gespenster. Ich wünsche mir manchmal, ich hätte ihre Ignoranz. Ich wünsche mir manchmal, ich müsste nicht dauernd daran denken. An die Hungersnöte, die kommen werden, an die Menschen, die flüchten, an den Krieg um die letzten Ressourcen. An die Mütter, die ihre Kinder aus überfluteten Häusern tragen, die zitternden Körper ans klopfende Herz gepresst. An die Bauern*Bäuerinnen, die vor ihrer ich weiß nicht wie vielten Missernte stehen und ums Überleben kämpfen. An grau monochrome Korallenriffe, sterbende Arten, den Regenwald, der in Flammen steht. Manchmal frage ich mich, was das alles noch bringt. Unser Schreien. Unsere Forderungen. Unser Streiken. Den Politiker*innen war das alles gleichgültig in den vergangenen Jahren. Sie haben sich auf unseren Demos ablichten lassen und danach die Klimakrise wieder vergessen. Ich frage mich oft, ob die Politiker*innen es überhaupt irgendwann einsehen werden.

Vor einem halben Jahr haben wir in meiner Stadtgemeinde als „Fridays for Future" eine Demonstration organisiert, um mehr Platz für Fußgänger*innen und Radfahrer*innen zu fordern. Viele Passant*innen waren von unserer Kundgebung begeistert und dankten uns für unseren Mut. Doch unser Bürgermeister, von dem man sich eigentlich Engagement und Unterstützung erwarten sollte, hetzte mit Hasspostings auf Social Media gegen uns. Er beschimpfte uns als die „üblichen Verdächtigen", die „Demonstrationsterror" ausüben, warf uns einen Missbrauch des Demonstrationsrechts vor und schloss seinen Facebookpost mit einem kotzenden Emoji ab. Wir waren fassungslos. Wie konnte eine Person, die uns doch eigentlich repräsentieren sollte, ihre Machtposition so skrupellos ausnutzen, um Hass gegen uns zu schüren. Alles, was wir wollten, war schlicht und einfach ein gesundes Klima.

Manchmal will ich aufgeben, weil uns die ständige Enttäuschung die Kräfte raubt. Ich weiß, dass uns für ein „irgendwann" keine Zeit mehr bleibt. Für so viele geht die Welt gerade unter. Weil aus einem Katastrophensommer viele

Katastrophenleben werden. Wir brechen Rekorde wie Glückskekse und wollen es jedes Mal aufs Neue nicht glauben, dass sich darin kein Glück, sondern eine Krise versteckt, dass wir mit unserer exzessiven Lebensweise vielen Menschen das Leben und allen die Zukunft nehmen.

In einem Vortrag habe ich einmal gehört, wenn wir die Klimakrise wirklich verstanden hätten, würden wir alle sofort auf die Straße rennen. Wir müssten schreien und weinen und alle wachrütteln. Es geht längst nicht mehr nur um Eisbären. Es geht um unsere Existenz. Ich glaube, langsam habe ich die Klimakrise begriffen. Ich schreie und weine oft. Die Leute fragen mich oft, wieso ich Aktivistin sei, und begreifen nicht, dass ich keine andere Wahl habe. Ich klammere mich nur an diesen banalen Wunsch einer Zukunft und einer Welt in Klimagerechtigkeit. Die Angst vor dieser „schönen, neuen Katastrophenwelt" schweißt mich ein. Entweder ersticke ich an Ohnmacht oder kämpfe für Veränderung. Ich möchte nicht ersticken. Der Aktivismus lässt mich atmen.

Man sagt mir, ich solle mich glücklich schätzen. Der Welt gehe es so gut wie noch nie. Man hat wohl recht: Wohlstand, Demokratie und Bildung sind gestiegen, Armut und Sterblichkeit gesunken. Meine Uroma hat im Zweiten Weltkrieg vor Hunger ihren eigenen Hund gegessen, sozialistische Bücher aus Angst in geheimen Schubladen versteckt und sich in ihren letzten Tagen im Krankenhaus die kleinen Butterpäckchen aufgespart. Über die Generationen hinweg sind Reichtum und Lebensqualität merklich gewachsen. Geschichten, die mir meine Eltern und Großeltern erzählen, kann ich oft nicht glauben. Ich darf in die Schule gehen und lernen, lebe in Frieden und Wohlstand, kann später die Welt entdecken – wenn es sie da noch gibt. Ich schätze mich glücklich, denn ich habe keinen Krieg miterlebt, keine Revolution gestartet. Ich habe ein Achtel meines Lebens im Lockdown verbracht und war noch nie außerhalb von Europa. Man meint, mir fehle es an nichts.

Doch was meiner Generation fehlt, ist eine Zukunft, ist der Erhalt dieses Wohlstands, der Erhalt des Friedens. Meine Uroma konnte sich sicher sein, dass es ihrer Tochter besser gehen würde als ihr und ihrer Enkelin besser als ihrer Tochter. Meine Mama weiß, dass diese „Alles wird besser"-Spirale bei ihr zu Ende geht, dass es irgendwann vielleicht sogar keine Hunde mehr geben wird, die wir essen könnten. Meiner Generation wird eine zerstörte Welt in die Hände gedrückt wie eine heiße Kartoffel. Und zwar buchstäblich. In der Klimakrise gekocht. Sie hat uns eingeholt. Ist ein Teil von meiner Generation, ist unsere Gegenwart, unsere Zukunft, die größte Herausforderung der Menschheit. Uns bleibt keine Zeit mehr.

Unsere Art zu wirtschaften, hat in den vergangenen Jahrhunderten die Erde verwundet und alle Ressourcen unter ihren Krusten herausgekratzt. Für den kurzfristigen Profit unserer westlichen Leistungsgesellschaft haben wir die planetaren und humanitären Grenzen ausgereizt und überlassen den nächsten Generationen ausgelaugte Ökosysteme. Die vergangenen sieben Jahre waren die heißesten der Messgeschichte.

In Österreich beträgt die Erderhitzung seit der Industriellen Revolution 2 °C, weil sich große Landflächen doppelt so schnell erhitzen wie Küstenländer. Die Folgen sind Dörfer, die unter Wasser stehen, Wälder, die sterben – durch Feuer oder Borkenkäfer –, Menschen, die sterben – durch die Hitze mehr als durch den Verkehr –, Skigebiete, die schließen, Gletscher, die schmelzen. Unaufhaltbar. Hier in Österreich. Unsere Natur und ihre Rohstoffe halten unser kapitalistisches System aufrecht, aber es zerstört seine eigene Grundlage. Und trotzdem weigert sich die Politik, das Steuerrad herumzureißen, unsere Gesellschaft von Grund auf nachhaltig zu reformieren. Dabei fordern die Menschen seit Jahrzehnten genau das. Jede Sekunde, die wir klimaschutzlos verstreichen lassen, jeder Cent, den wir in die fossile Industrie investieren, raubt uns die Zukunft.

Wir wollen nicht mehr zusehen, wie ständig wissentlich die falschen Entscheidungen getroffen und Versprechen nicht eingehalten werden. Wir haben es so satt. Die Wissenschaft steht hinter unserem Widerstand gegen dieses System, das für die Klimakrise verantwortlich ist. Es stimmt schon: In der Vergangenheit ist die Welt an vielen Orten eine neue, bessere geworden. Das können wir wertschätzen und trotzdem mit ganzem Herzen begreifen, dass wir jetzt gerade in einer Krise leben, die unser Ende bedeuten kann. Und wir wissen genau, dass wir nicht die ersten Weltretter*innen sind, dass es viele vor uns gab, die Veränderung bewirkt haben. Menschen, die sich mit Mut und erhobenen Stimmen und gereckten Fäusten vereinigt haben, um für Gerechtigkeit zu kämpfen. Mahatma Gandhi. Rosa Parks. Johanna Dohnal und viele mehr. Ihre Geschichten bereiten mir Gänsehaut, machen mir Hoffnung, dass wir die Generation sein können, die verhindert, dass wir die letzte gewesen sein werden.

Klima, Corona – alles Krise, oder was?

MW „Hör bitte auf, wir haben jetzt wohl andere Sorgen, wir haben jetzt ein größeres Problem!“ Seitdem die Corona-Krise ausgebrochen ist, höre ich diesen Satz sehr oft, wenn ich über die Klimakrise spreche. In der Tat hat Corona unser Leben 2020 radikal verändert und seither bestimmt. Von den ersten Meldungen in den Medien bis zum ersten Lockdown vergingen nur wenige Wochen. Homeschooling, Homeoffice, Kurzarbeit, Besuchsverbot von lieben Menschen in Spitälern oder Heimen prägten den Rest des Jahres. Viele Menschen waren direkt von den Folgen der Pandemie betroffen: Einige erkrankten, zu viele starben, andere verloren ihren Job und müssen nun um ihre Existenz bangen. Ich kenne niemanden, der unberührt von Corona durch diese Zeit gekommen ist.

Die Krise verdrängte vieles andere oder ließ es weniger wichtig erscheinen. Doch bereits am Ende des Jahres 2020 stand durch fokussierte Anstrengungen ein wirksamer Impfstoff gegen Covid-19 in Aussicht. Es war eine Meisterleistung von Wissenschaftler*innen, in so kurzer Zeit eine Lösung für ein bisher unbekanntes Problem zu finden und zu entwickeln.

Wie phänomenal wäre es, wenn wir auch auf die Klimakrise so rasch eine geeignete Antwort finden würden. Hier liegen die Fakten seit einem halben Jahrhundert auf dem Tisch. Wir wissen, warum es wärmer wird, und wir wissen ebenso gut, was wir tun müssten, um die Erwärmung einzubremsen. Wir wissen auch, dass wir nicht mehr viel Zeit haben, die richtigen Maßnahmen zu ergreifen, damit aus der Klimakrise keine Klimakatastrophe wird. In einer großen Umfrage im Jahr 2021 unter einer Million Menschen bezeichneten zwei Drittel der Befragten die Klimakrise als nationalen Notstand. Aber ich frage mich und ich frage Sie: Warum handeln wir noch nicht entsprechend?

Ich bin überzeugt, dass in diesem Jahrhundert der Klimawandel die größere, ja sogar die größte Bedrohung für unsere Umwelt, für uns Menschen, für die ganze Erde ist. Darüber hinaus bin ich der Meinung, dass wir Menschen durchaus fähig sind, mehrere Probleme gleichzeitig zu bewältigen, oft müssen wir das sogar. Manche Leser*innen werden ähnliche Erfahrungen schon gemacht haben, wenn es während einer privaten sehr schwierigen Phase auch im Job zu Problemen kommt. In diesem Fall werden Sie Ihrem Chef schwer sagen können: „Tut mir leid, aber zuerst muss ich meine Ehe retten.“ Sie werden versuchen müssen, in beiden Bereichen wieder in eine für Sie günstige Konstellation zu gelangen.

Die Klimakrise war nicht so nett zu uns, eine kurze Pause einzulegen, bis wir die Sache mit Corona wieder im Griff hatten. Im Gegenteil: 2020 war nicht nur das Jahr, das uns Corona brachte. Es war – zusammen mit 2016 – weltweit das wärmste Jahr, seit wir Temperaturen messen. Auch in Österreich war es ein weiteres überdurchschnittlich warmes Jahr, das zwanzigste in Folge. Und die CO_2-Konzentration in der Atmosphäre erreichte einen weiteren Rekordwert und war just im Corona-Jahr so hoch wie noch nie seit einer Million Jahren. Viele fragten mich, wie das gehe. Es waren doch kaum Flugzeuge am Himmel, wir konnten nicht verreisen, zahlreiche Menschen arbeiteten von zu Hause – wir ließen so viel bleiben und trotzdem verzeichneten wir neue Höchstwerte von Treibhausgasen in unserer Luft?

Selbstverständlich haben die Einschränkungen aufgrund der Pandemie messbare Spuren hinterlassen, allerdings werden diese von den meisten Menschen dramatisch überschätzt. Im ersten Lockdown, der global gleichzeitig in Kraft trat, sanken die CO_2-Emissionen um 16 %, aber selbst diese geringe Reduktion war nur von kurzer Dauer. Was bedeuten diese 16 % weniger an Emissionen? Dazu müssen wir uns einmal bewusst machen, dass wir Menschen weltweit täglich 100 Millionen Tonnen CO_2 in die Atmosphäre pusten, eine gigantische Menge. Im ersten globalen Lockdown waren es dementsprechend „nur“ 84 Millionen Tonnen CO_2, die wir tagtäglich zusätzlich in die Atmosphäre eingebracht haben. Und sehr rasch ging es wieder zurück zum alten „Normalzustand“ und damit neuerlich zu Höchstwerten der CO_2-Konzentration in unserer Atmosphäre. Das CO_2, das wir in den vergangenen 200 Jahren ausgestoßen haben, ist nämlich noch immer vorhanden, da es sehr viel länger in der Atmosphäre verweilt. Ein Drittel davon bleibt uns sogar mehr als 1000 Jahre lang erhalten.

Es ist also ein großer Irrtum, die Pandemie im Kampf gegen die globale Erwärmung und den menschengemachten Klimawandel als hilfreich zu betrachten. Einen solchen „Kollateralnutzen“ gibt es nicht. Es wird nicht genügen, in Zukunft von vielen Dingen einfach weniger zu machen. Wir müssen sie anders machen. Wir müssen unsere Gewohnheiten ändern, hin zu einer besseren Zukunft.

Im Pariser Klimaschutzabkommen haben wir uns das Ziel gesteckt, unser Klima zu stabilisieren und die Erwärmung deutlich unter 2 °C einzubremsen. 180 Länder der Erde haben es bereits ratifiziert. Erreichen können wir das Ziel nur gemeinsam. Es ist daher ein bedeutsamer Schritt, dass Joe Biden, der neue Präsident der USA, an seinem ersten Tag im Amt diesem Abkommen wieder beigetreten ist. Das ist nicht nur ein starkes Signal: Die USA haben angekündigt, die Emissionen von Treibhausgasen bis zum Ende dieses Jahrzehnts zu halbieren. Ähnliche Vorhaben gibt es in anderen Teilen der Welt, sogar in China. Und die EU hat ebenfalls konkrete Pläne, wie Europa die globale Erwärmung abbremsen will. Auch Österreich musste wie alle anderen Mitgliedstaaten seinen nationalen Energie- und Klimaplan an die EU übermitteln. In diesem Plan ist festgeschrieben, mit welchen Maßnahmen und Änderungen Österreich seine Treibhausgasemissionen reduzieren will.

All das ist wichtig, all das ist richtig! Wir können den menschengemachten Klimawandel aber nur bremsen, wenn wir alle rund um den Globus mitmachen, denn viel Zeit bleibt uns nicht mehr! Bekanntlich sind wir die erste Generation, die die Folgen des Klimawandels spürt, und gleichzeitig die letzte, die noch etwas dagegen tun kann. Wir können daher nicht darauf warten, bis andere in Bewegung kommen. Wir müssen sofort beginnen, und am schnellsten geht das bei uns selbst. Wir müssen als Erstes unsere Treibhausgasemissionen reduzieren. Im Wesentlichen sind es drei Sektoren, die für den Großteil der Emissionen verantwortlich sind.

Die erste große Quelle für Treibhausgase ist die Gewinnung von Energie. Weltweit ist dieser Sektor für mehr als 40 % aller CO_2-Emissionen verantwortlich. Hier sind wir in Österreich recht gut unterwegs. Die letzten Kohlekraftwerke sind geschlossen, und wir können durch die günstigen Bedingungen in unserem Land sehr viel Energie aus Wasserkraft gewinnen. Es braucht aber auch einen weiteren Ausbau von Sonnen- und Windenergie. Das Burgenland zeigt schon seit einigen Jahren, dass es mit Sonne, Wind und Wasser mehr Energie erzeugen kann, als verbraucht wird. Das Burgenland ist so gesehen Strom-autark.

Der zweite Bereich, der unserem Klima so richtig einheizt, ist der Verkehr, und das ist jener Sektor, bei dem wir in Österreich immer noch steigende Emissionen verzeichnen. In Wien etwa kommen 35 % der CO_2-Emissionen aus dem Verkehr. Hier sehe ich in Österreich den dringendsten Handlungsbedarf. Wir müssen unsere Mobilität umdenken und neu gestalten. Wir müssen uns bei jedem Weg, den wir zurücklegen wollen, fragen, ob wir diesen tatsächlich mit dem Auto fahren müssen. Es gibt zahlreiche Alternativen. Viele Wege können Sie vielleicht sogar zu Fuß oder mit dem Fahrrad schaffen. In den größeren Städten beobachte ich immer öfter auch Lastenfahrräder, mit denen vom Großeinkauf bis hin zu Kindern alles umweltfreundlich transportiert werden kann. Wir sollten, wo auch immer das möglich ist, vom Auto auf öffentliche Verkehrsmittel umsteigen. Die beste Form der Elektromobilität ist und bleibt die Bahn. Es ist nicht nur eine umweltfreundliche, sondern auch eine sehr entspannte und komfortable Art zu reisen. Auf 1000 Personenkilometer gerechnet, können Sie beim Umstieg vom Auto auf die Bahn Ihre Treibhausgasemissionen um 93 % reduzieren.

Die dritte Problemzone ist unsere Ernährung. Wir essen in Österreich zu viel Fleisch. Die Massentierhaltung, vor allem die weltweite Rinderzucht, ist verantwortlich für massiven Ausstoß von Methan, einem viel radikaleren Treibhausgas als CO_2. Es entsteht im Magen der Rinder bei der

Verdauung. Bei unserer Ernährung sehe ich, genauso wie bei unserer Mobilität, gleich zwei Vorteile veränderter Gewohnheiten: Essen wir weniger Fleisch und gehen wir mehr zu Fuß oder fahren Fahrrad, tun wir nicht nur etwas für unser Klima, sondern auch für uns und unsere Gesundheit.

In der Corona-Krise haben wir sehr oft verglichen – oder Vergleiche gehört –, welche Länder einen anderen Weg einschlugen, wo das Krisenmanagement besser lief oder wo es komplett versagte. Wir bekamen zahlreiche Grafiken präsentiert, die uns illustrierten, welche Länder mit welchen Maßnahmen besser fuhren oder scheiterten. Und es war wichtig, von jenen Ländern zu lernen, die besser durch die Krise kamen. Genauso sollten wir bei unseren Anstrengungen gegen die globale Erwärmung und den Klimawandel unser Augenmerk nicht auf jene richten, die sich noch zu wenig anstrengen oder die Dringlichkeit verschlafen, sondern auf jene, die besser unterwegs sind, die die Weichen bereits gestellt und Veränderungen eingeleitet haben. Vielleicht können wir so Österreich im Klimaschutz an die weltweite Spitze führen und ein Vorbild für andere werden. Das ist vorerst ein großer Wunschtraum. Aktuell gehört Österreich innerhalb der EU zu den Schlusslichtern, zu jenen fünf Nationen, in denen die Emissionen von Treibhausgasen immer noch steigen. Das müssen wir dringend ändern!

Die zehn Thesen

PD Vor 200 Jahren sprachen Forscher*innen bereits vom wandelnden Klima durch Waldrodungen. 1970 warnte die National Academy of Sciences vor der globalen Erwärmung. Seit über 50 Jahren wissen Politiker*innen und Großkonzerne von den zerstörerischen Folgen ihres Handelns. Wissen, dass ihr Tun tötet. Und tun es dennoch.

Seit Jahren streiken und demonstrieren wir für eine lebenswerte Zukunft. Gehen auf die Straße, weil wir in der ach so demokratischen Politik nicht repräsentiert werden. Wir wurden in eine kaputte Welt hineingeboren und versuchen, sie zu reparieren. Wir werden ignoriert. Man sagt, wir hätten zu wenige konkrete Forderungen. Man sagt, wir wüssten gar nicht, was sich ändern solle. Das sind Ausreden, und ich bin sie so leid, ich bin so ausgelaugt.

Wir sind Kinder, deren schillernde Zukunftsseifenblasen viel zu früh zerplatzt sind, die immer häufiger Katastrophen und brutalere Veränderungen erleben. Wir weinen nicht nur um den Schnee, der nicht mehr da sein wird. Wir spüren eine Krise, die andere mit sich bringt. Kriege, Hungersnöte, Naturkatastrophen, Flucht. Wir sind Kinder, die die Forderungen der Wissenschaft hören und sie mit Megafonen in die Welt hinausbrüllen, auf Kartonschilder schreiben, mit unseren eigenen Körpern für die Zukunft einstehen. Die Forderungen sind schon längst da. Die Wissenschaft legt sie der Politik regelmäßig vor. Und sie wird von der Politik regelmäßig ignoriert. Aber wir geben nicht auf! Wir wollen alle mit diesem Manifest wachrütteln. Egal ob Krankenpfleger*in oder Krawattenträger*in,

Bauarbeiter*in oder Lehrer*in, CEO oder Politiker*in. Wir wollen *Sie* aufrütteln. Denn die Welt können wir nur gemeinsam retten.

Uns wird eingeredet, Klimaschutz sei schlecht, denn er bedeute Veränderung. Wir Menschen glauben das gerne, denn bekanntlich sind wir Gewohnheitstiere, und Umstellungen gehen uns von Natur aus auf die Nerven. In diesem veralteten System haben wir es uns gemütlich gemacht. Aber wenn sich nichts ändert, wird alles ganz ungemütlich. Wir wollen Ihnen die Angst vor dem Wandel nehmen und deutlich aufzeigen, welche lebenswerte Welt und Gesellschaft wir schaffen können, wenn wir unser Klima schützen. Unsere zehn Thesen sind Schritte, die Bevölkerung und Politik national und global zusammen gehen müssen, um die Klimakrise zu verhindern. Bei alldem müssen ihre „Zwillingskrisen" Biodiversitätskrise und das Artensterben mitgedacht werden. Denn es wäre fatal, die eine durch die Bewältigung der anderen zu befeuern.

Veränderung braucht viel Stärke und Energie. Aber wenn sich alle ihrer Verantwortung bewusst sind und diese zehn Forderungen mit vereinten Kräften umsetzen, dann können wir die Welt nachhaltig verändern.

These 1

Die Dekarbonisierung geht zu langsam

MW DEKARBONISIERUNG – wir müssen raus aus den Treibhausgasemissionen! Die aktuelle globale Erwärmung wird von den Treibhausgasen verursacht, die wir Menschen tagtäglich in die Atmosphäre schleudern. Und das sind ziemlich große Mengen an Treibhausgasen, mit denen wir unsere Luft verschmutzen und die Erde erhitzen. Jeden Tag pulvern wir 100 Millionen Tonnen Kohlendioxid in die Luft. EINHUNDERT MILLIONEN TONNEN CO_2!

Wenn wir die Pariser Klimaziele einhalten wollen, wozu wir uns immerhin verpflichtet haben, und die globale Erwärmung auf unter 2 °C im Vergleich zum vorindustriellen Niveau eindämmen wollen, damit Flora und Fauna mit der Geschwindigkeit der Klimaänderung mithalten und wir Menschen die Auswirkungen der Erderhitzung halbwegs im Griff behalten können, dann ist unser CO_2-Budget, also die Menge an Treibhausgasen, die wir noch ausstoßen dürfen, um das Ziel zu erreichen, begrenzt. Wenn wir so weitermachen wie bisher und die Emissionen nicht reduzieren, ist dieses übrige Budget in weniger als zehn Jahren aufgebraucht. Das bedeutet, dass wir in weniger als zehn Jahren keine

Treibhausgase mehr ausstoßen dürfen oder das Ziel, die globale Erwärmung einzudämmen, verfehlt haben. Dass wir die Emissionen nicht von einem Tag auf den anderen auf Null setzen können, versteht sich wohl von selbst. Dass wir unsere Klimaziele verfehlen, ist für mich keine Alternative.

Was wir tun müssen, ist einfach erklärt:

Schritt 1: Wir müssen den Anstieg der Treibhausgasemissionen stoppen, denn noch immer stoßen wir Jahr für Jahr mehr klimaschädliche Treibausgase als im Jahr davor aus.

Schritt 2: Wir müssen unsere Treibhausgasemissionen reduzieren und Wege finden, wie wir die bereits vorhandenen Treibausgase aus der Atmosphäre entfernen können. Bäume zeigen uns zum Beispiel vor, wie das geht. Sie nehmen CO_2 auf und geben Sauerstoff ab.

Schritt 3: Wir müssen Netto-Null-Emissionen erreichen. Das bedeutet, dass wir nur noch so viel CO_2 oder andere Treibhausgase ausstoßen dürfen, wie wir auch wieder aus der Atmosphäre herausziehen können.

Schritt 4: Wir müssen Negativemissionen erreichen. Das heißt, dass wir mehr Treibhausgase aus unserer Luft entfernen können, als wir ihr zufügen.

So weit, so gut, allerdings muss ich Sie an dieser Stelle warnen, dass die Risiken des Klimawandels, die verheerenden Folgen der globalen Erwärmung bis zum dritten Schritt auf alle Fälle steigen und zunehmen werden. Und wir sind noch immer mitten in unserem ersten Schritt.

Hätten wir vor einigen Jahren schon damit begonnen, unsere Emissionen zu reduzieren, wäre in vielen Bereichen ein gemütlicher Umstieg möglich gewesen. Wir haben die Zeit aber ungenutzt verstreichen lassen, und so werden wir einige unserer Gewohnheiten jetzt sehr rasch, teilweise sogar radikal verändern müssen. Wenn wir allerdings weiterhin zögern, dann haben wir den Kampf gegen die drohende Klimakatastrophe verloren.

PD Ich bin frustriert. Ich bin wütend. Die Politik handelt kaum und wenn, dann zu langsam und zu wenig. Ich bin ungeduldig, und man sagt mir, ich solle keine Panik verbreiten. Aber je mehr Zeit sich die Politik lässt, desto panischer werde ich. Und das zu Recht. Die Zeiten sind absurd. Die Zeiten sind gefährlich. Es sind Krisenzeiten.

Corona-Krise, Wirtschaftskrise, Klimakrise. Zwei der drei werden ernst genommen, die andere missachtet. Die dritte Krise gefährdet aber meine Zukunft, sie gefährdet unseren Planeten. Als die Intensivstationen zum ersten Mal überfüllt waren, die Sterberate gestiegen ist, der Lockdown die Menschen in die eigenen vier Wände gedrängt hat, ist Österreich ein Land der Schuldenberge geworden. Die Politik hat vor nichts zurückgeschreckt, weil Menschenleben in Gefahr waren, weil unsere Gesellschaft in Gefahr war. Und das war gut so.

Jetzt stellen Sie sich einmal vor, es gibt da eine Krise, von der wir schon im Vorhinein wissen. Und sie ist schlimmer als alles, was die Menschheit bisher durchgemacht hat, sie setzt das Leben ihrer Kinder aufs Spiel, eine Krise, die niemals zu Ende sein wird, die sich von selbst verschlimmert. Würden Sie nicht alles daransetzen, um sie zu verhindern?

Sie ist schon da. Und wir haben nur noch bis zum Jahr 2029, um ihrem unumkehrbaren Punkt auszuweichen. Die Klimakrise ist menschengemacht. Sie ist das Produkt eines Gesellschafts- und Wirtschaftssystems, das auf Ausbeutung basiert. Ausbeutung der Natur, der natürlichen Ressourcen und anderer Menschen. Mit der industriellen Revolution ab der zweiten Hälfte des 18. Jahrhunderts hat die Menschheit begonnen, immer mehr zu produzieren, die Treibhausgasemissionen sind gestiegen. Mit ihnen auch die Hitze. Und zwar so extrem und schnell, wie es noch nie zuvor passiert ist. Wir wissen seit Jahrzehnten, dass wir den unendlichen Ausstoß von Abgasen stoppen müssen, um die schlimmsten Folgen zu verhindern. Wir haben wie Dornröschen Jahrzehnte verschlafen.

Klimaaktivist*innen und Wissenschaftler*innen versuchen schon unablässig, die Politik wach zu küssen, doch sie braucht eine kräftige Watsche. Da wir nur noch ein begrenztes CO_2-Budget zur Verfügung haben, bis der kritische Punkt überschritten ist, müssen wir sofort anfangen, unsere Emissionen radikal zu reduzieren. Dekarbonisierung ist das Social Distancing der Klimakrise. Je länger wir damit warten, desto steiler muss der Reduktionspfad sein, desto tiefer werden die Eingriffe, desto härter der Umstieg. Aber die Politik lässt sich so verdammt viel Zeit, trifft sich Jahr für Jahr mit grandiosen Vorsätzen, schmiert sich gegenseitig Honig ums Maul, während die letzte Generation auf den Straßen für ein Leben demonstriert. Die Vorsätze verpuffen dann. Aber wir befinden uns in einem Wettlauf gegen die Zeit. Und leider hat die Zeit eine unerschöpfliche Kondition.

Unser jetziges Handeln entscheidet über die Zukunft der gesamten Menschheit, des gesamten Planeten. Das mag vielleicht gekünstelt dramatisch klingen, doch das nächste Jahrzehnt wird die Welt verändern. Es liegt in den Händen der Menschen, wie diese Veränderung aussehen soll. Entweder, wir machen weiter wie bisher und steuern auf eine Erderhitzung bis zu über 3 °C gegen Ende des Jahrhunderts zu und damit auf Naturkatastrophen, Hitze, Zerstörung menschlichen Lebensraums, Flucht, Krieg. Die Liste lässt sich fortsetzen.

Es ist eine Welt, in die wir Jahr für Jahr mehr Einblick bekommen, ein Zukunftsszenario, das sich Tag für Tag in meinem Hinterkopf zusammenbraut. 3 °C bedeuten, dass wir den kritischen Punkt überschritten haben und sich die Klimakrise durch die Kipppunkte im Erdklimasystem verselbstständigt. 3 °C bedeuten, dass Hamburg, Amsterdam, Venedig unter Wasser stehen, es in Österreich keine Gletscher mehr gibt, sich die Anzahl der Hitzetage verzehnfacht, sich die Dürregebiete Europas verdoppeln. Es gibt ein „Entweder", aber es gibt auch ein „Oder". Oder wir setzen radikale Klimaschutzmaßnahmen, läuten eine tiefgreifende Wende in allen Bereichen ein, schaffen eine ökosoziale Transformation – und zwar sofort! –, fangen endlich an, unsere leeren Versprechen mit Taten zu füllen. Hören auf, den fossilen Kapitalismus in eine grüne Ökoverpackung zu stecken und uns damit selbst zu betrügen, sondern packen das Problem, das System, an der Wurzel. Die Veränderung wird kommen. Ob wir wollen oder nicht. Wir sind schuld! Wir tragen die Verantwortung! Aber im Moment haben wir noch eine letzte Chance zu entscheiden, in welche Richtung sie gehen soll.

These 2

Brennende Lunge

MW Gesunde Wälder, ausgedehnte und widerstandsfähige Waldlandschaften bereichern nicht nur unsere Erde, sie sind auch für unser Leben essenziell und notwendig. Sie stellen einen großen Teil unserer Gesundheitsvorsorge dar, nicht nur für die Menschheit, sondern für die gesamte Natur. Rund 80 % aller Tierarten, die an Land leben, nutzen den Wald als Lebensgrundlage. Wälder sind damit die artenreichsten Lebensräume der Welt. Sie produzieren Sauerstoff, regulieren den globalen Wasserhaushalt, speichern Trinkwasser, schützen vor Lawinen oder Überschwemmungen. Zu alledem sind Wälder große Kohlenstoffspeicher und helfen uns so erheblich im Kampf gegen den menschengemachten Klimawandel.

Der Wald hilft uns, doch wir zerstören ihn. Nur noch etwa 30 % der gesamten Landfläche der Erde sind bewaldet. Das entspricht circa einer Fläche von 4 Mrd. Hektar. Von diesen Waldflächen verteilt sich mehr als die Hälfte auf nur fünf Staaten dieser Erde. Allein Russland hat einen Anteil von einem Fünftel, Brasilien, Kanada, die USA und China folgen. Die weltweiten Waldverluste schreiten voran, auch wenn sich das Tempo in den vergangenen Jahren etwas verlangsamt hat. Die meisten Wälder verlieren wir, weil die Flächen in Ackerland umgewandelt werden, manche fallen auch Naturkatastrophen wie Dürren und Waldbränden zum Opfer. Auf diese Art und Weise sind bereits 50 % aller Waldflächen der Erde verschwunden, oder anders: Wir Menschen haben bereits die Hälfte aller ursprünglich vorhandenen Waldflächen auf dieser Welt zerstört.

Besonders stark ist die Entwaldung in den Tropen und Subtropen. Die Liste der zehn Länder mit dem größten Waldverlust führt Brasilien an, und allein in diesen zehn Ländern verschwindet pro Minute eine Waldfläche, die so groß ist wie zwölf Fußballfelder. Durch diese Abholzung wird jährlich dreimal mehr schädliches CO_2 frei, als die verbleibenden tropischen Wälder in einem Jahr aufnehmen können. Diesen Ländern – also wieder einmal den anderen – die Schuld für das rasche Verschwinden der Wälder zu geben, wäre zu leicht und außerdem falsch, denn auch unsere Ernährungsgewohnheiten sind ein Grund für die Waldzerstörung. Die drei Millionen Schweine in Österreich und die 25 Millionen in Deutschland werden mit Soja gefüttert, welches in Brasilien auf ehemaligen Waldflächen angebaut wird. Jedes weitere Schnitzel hier zerstört also auch den Regenwald in Brasilien.

Es liegt auf der Hand: Wir müssen die Abholzung unserer Wälder stoppen! Wir müssen jene Waldflächen, die noch vorhanden sind, retten und erhalten, schützen und pflegen. Und zwar nicht erst 2030, wie es auf der jüngsten Klimakonferenz von 100 Nationen beschlossen wurde, sondern sofort.

Wir brauchen eine verantwortungsvolle Bewirtschaftung unserer Wälder, die dauerhaft Einkommen und Arbeitsplätze schafft und gleichzeitig die Umwandlung von Waldflächen in landwirtschaftliche Flächen verhindert. Wir müssen die noch vorhandenen Urwälder schützen. Ein Urwald kann und darf nicht genutzt werden, denn jeder menschliche Eingriff von außen wäre bereits eine Zerstörung und nicht wiedergutzumachen. Die illegale Abholzung in tropischen Regenwäldern muss sofort und mit allen Mitteln gestoppt werden, von den lokalen Regierungen und den Abnehmerländern.

Auch wir alle können etwas tun, um unsere Wälder zu schützen, denn viel öfter, als wir glauben, sind wir mit dem Wald verbunden. Zuallererst muss uns bewusst werden, dass Holz ein kostbarer Rohstoff ist. Er wächst zwar nach, ist aber dennoch nicht unendlich verfügbar. Wie bei Energie oder Wasser müssen wir auch bei Holz lernen, sparsam und sorgsam damit umzugehen. Ein erster Schritt ist es, Recyclingpapier zu nutzen, wo auch immer dies möglich ist. Jede*r Österreicher*in verbraucht pro Jahr 223 kg Papier, in Deutschland ist es sogar etwas mehr, Tendenz steigend. Würden alle Menschen auf der Welt so viel Papier verbrauchen wie wir, würden alle Wälder der Welt nicht ausreichen, um diesen Bedarf zu decken. Achten Sie beim Kauf von Holz und Holzprodukten auf die Herkunft, die Verarbeitung und wie weit es transportiert werden musste. In vielen Ländern gibt es entsprechende Siegel, die versichern, dass das Holz umwelt- und sozialverträglich hergestellt wurde.

Und noch ein einfacher Tipp: Gehen Sie in den Wald. Genießen Sie die Frische im Sommer, den Duft und die Ruhe unserer Wälder. Denn nur was man kennt, kann man auch schützen. Sie werden merken, unsere Wälder sind es wert.

PD Unsere Lunge brennt. Der Wald lässt uns atmen, der Wald lässt uns leben. Doch wir stecken Wälder, Tiere, Leben in Brand. Und aus der Asche steigt niemals ein

Phönix, sondern Treibhausgase. Wir befeuern das sechste Massensterben, vertreiben Wildtiere aus ihren natürlichen Lebensräumen, kommen in engeren Kontakt mit Tieren und Viren und verursachen Pandemien. Indigenen Völkern wird ihr Land geraubt, und sie werden durch illegale Rodung sowie Angriffe von Goldgräbern terrorisiert. Doch anstatt Gegenmaßnahmen zu setzen, wird die Abholzung in noch größeren Gebieten zugelassen. Wir zerstören die Pflanzen, die unseren Sauerstoff herstellen. Wir lassen unsere Lebensmittel auf Plantagen anbauen, in Monokulturen, bis der Boden ausgezehrt ist. Menschen arbeiten dort unter sklavenähnlichen Bedingungen, pflücken, was unseren Obstkorb „exotisch" aussehen lässt, und erkranken, weil bei der Ernte Pestizide aus Flugzeugen auf sie herunterregnen. Das alles nur, damit große Konzerne viel Geld machen können, im kahlen Supermarktlicht bunte Früchte liegen und eingeschweißtes Fleisch aus Massentierhaltung, das mit 90 % des weltweit angebauten Sojas gefüttert wird.

Während die westliche Welt mit Naturschutzgebieten und Aufforstung prahlt, importiert sie Lebensmittel aus dem globalen Süden und lässt damit den Regenwald sterben. Es geht immer nur um Geld. Es geht darum, dass der Import von Palmöl aus Indonesien billiger ist, als heimisches Sonnenblumenöl zu verwenden. Es ist billiger, anderswo den Regenwald zu zerstören, als Lebensmittel regional anzubauen.

Wir tun so, als wäre die Erde ein Einwegplanet. Aber sie ist ein Qualitätsprodukt, dazu bestimmt, länger zu halten. Und es gibt keine Versicherung, die den Schaden jemals zahlen wird, es sind die kommenden Generationen. Irgendwann werden wir draufkommen, dass wir Geld nicht essen können, und uns wünschen, die grüne Lunge hätte nie gebrannt. Doch die Waldrodung im Amazonasgebiet hat 2021 im Vergleich zum Vorjahr sogar um 22 % zugenommen. Dabei speichert der Amazonas allein so viel Kohlenstoff, wie in zehn Jahren auf der ganzen Erde freigesetzt wird. Er ist ein Kippelement im Klimasystem. Und dieser wurde bereits überschritten. Der Regenwald stößt mehr CO_2 aus, als er wieder aufnehmen kann. Er verwandelt sich langsam in eine Savanne. Die Menschen sorgen dafür, dass der Regenwald von einer Sauerstoff- zu einer Kohlenstoffquelle wird.

Es ist so verdammt verkehrt, dass immer die Menschen an der Macht sind, die nur Stroh im Kopf haben und es auch noch selbst anzünden. Solange Rechtspopulisten wie Jair Bolsonaro regieren, wird sich nichts ändern. Europa heftet sich den Klimaschutz auf die Fahne, sodass die 27 Sterne fast schon grün leuchten, aber baut Autobahnen durch Naturschutzgebiete und jahrhundertealte Wälder, schaut tatenlos zu, wie anderswo Verbrechen geschehen. Und durch den intensiven Handel mit anderen Ländern ist Europa Teil dieser Verbrechen. Der Fleischatlas hält fest: „Laut einer Studie, die das renommierte Magazin Science im Jahr 2020 veröffentlichte, stammen 20 Prozent der Sojaexporte aus dem Amazonas und dem Cerrado in die EU von illegal abgeholztem Land." (Siehe Fleischatlas, S. 23) Die Politik trägt die Verantwortung. Durch strenge Gesetze und radikale Maßnahmen gegenüber anderen Staaten kann die Abholzung des Regenwaldes gestoppt werden. Und zwar nicht erst 2030, wie es 2021 in Glasgow beschlossen wurde. Sondern sofort. Es gibt keine Ausreden mehr.

These 3

Was ich gerne hätte – autofreie Städte

MW Runter vom Gas! Unser Auto, eine unendliche Geschichte. Wie wird es gehegt, gepflegt und geliebt. Es muss kräftig und laut sein, immer größer werden, mehr PS haben als das der Freunde und schneller gehen als erlaubt. In Deutschland kann man selbst im Jahr 2022 noch immer so schnell fahren, wie man möchte, zumindest auf einigen Strecken der Autobahnen. Das Auto ist nicht mehr wegzudenken, oder ist es das doch?

Ich stelle mir oft vor, was wir mit all dem Platz in den Städten machen könnten, auf dem so viele Autos mehr als 90 % ihrer Zeit einfach ungenutzt herumstehen. Gastgärten, Spielplätze, Fußgängerzonen und Flaniermeilen, auch schattenspendende Bäume könnten diesen Platz einnehmen, die Städte schöner, gesünder und lebenswerter machen.

Ob es uns passt oder nicht, wenn wir unser Klima retten wollen, müssen wir unsere Mobilität umdenken und grundlegend verändern. Der Verkehr ist nach wie vor eines der größten Problemfelder im Kampf gegen den Klimawandel, es ist jener Bereich, der in Österreich für rund 30 % aller Treibhausgasemissionen verantwortlich ist und noch immer eine steigende Tendenz aufweist. In Deutschland ist der Verkehr die drittgrößte CO_2-Quelle, hinter den Sektoren Energie und Industrie. Der größte Teil dieser Verschmutzung wird vom motorisierten Individualverkehr verursacht, also von Autofahrer*innen.

Verbrennungsmotoren werden bald der Vergangenheit angehören, je schneller desto besser. In vielen Ländern dieser Welt ist das Ende der Verbrennungsmotoren bereits angekündigt, in der EU soll es 2035 so weit sein. Die Alternativen sind da. Das Elektroauto hat eine deutlich bessere Klimabilanz als ein Verbrenner, auch wenn das viele noch immer nicht wahrhaben wollen. Die E-Mobilität hat noch Probleme, etwa bei der Herstellung, aber die Entwicklung schreitet rasant voran, und diese Probleme sind lösbar. Jene des Verbrenners nicht. Immer wenn Sie Ihr Benzin- oder Diesel-Auto starten, schleudern Sie hinten Treibhausgase raus, verschmutzen die Umwelt und machen unser Klima kaputt.

100 Millionen Barrel Öl, das sind fast 16 Milliarden Liter, verbrauchen wir Menschen jeden Tag! Das entspricht einem Güterzug aneinandergekoppelter Ölwaggons, der von Süditalien bis zum Nordkap reicht. Mehr als die Hälfte dieser unvorstellbaren Menge an Öl verbrennen wir in Motoren von Autos, Lkw, Schiffen und Flugzeugen. JEDEN TAG! Das muss ein Ende haben!

Alle Autos von Verbrennungsmotoren auf elektrische umzustellen und zu ersetzen, wäre der falsche Weg. Probleme wie Flächen- und Ressourcenverbrauch, Versiegelung und die verstauten Städte wären damit nicht gelöst. Die Mobilitätswende bedeutet, dass weniger und effizientere Fahrzeuge auf unseren Straßen unterwegs sein müssen, Autos, die keine fossilen Energieträger mehr verheizen und unser Klima schädigen.

Lassen wir in einem ersten Schritt unser Auto doch stehen. In den Städten geht das leicht. Hier kann man die meisten Wege bequem zu Fuß oder mit den öffentlichen Verkehrsmitteln zurücklegen. Für dennoch notwendige Fahrten oder Transporte gibt es in größeren Städten gute Carsharing- oder Mietangebote.

Außerhalb der Städte wird die Sache natürlich etwas schwieriger. Aber selbst hier finden sich oft Möglichkeiten, viele Wege ohne Auto zu schaffen. Vielleicht geht es ja mit dem Fahrrad, damit tun wir nicht nur dem Klima etwas Gutes, sondern auch unserer Fitness und Gesundheit. Suchen Sie nach öffentlichen Verbindungen oder, wenn das nicht möglich ist, bilden Sie Fahrgemeinschaften.

Besonders bei der Mobilität und deren Veränderung spielen die Entscheidungsträger*innen und die Politik eine große Rolle. Sie sind gefordert, aufs Gas zu steigen, den Wandel zu beschleunigen und die Weichen richtigzustellen. Wir benötigen eine klimafreundliche, leistbare und zuverlässige Variante, die uns von A nach B bringt. Klimaschädliche Fortbewegung muss einen ehrlichen und spürbaren Preis bekommen. Subventionen von Diesel oder Kerosin sind nicht mehr zeitgemäß und müssen eingestellt werden. Mit diesem Geld muss klimafreundliche Mobilität gefördert, gestützt und erweitert werden.

Die Planung von Verkehr und Stadtentwicklung muss mit den Zielen der Dekarbonisierung unter einen Hut gebracht werden. Fahrbahnen und Parkplätze müssen Fahrradwegen und öffentlichen Verkehrsmitteln Platz machen. Auf deutschen Autobahnen muss dringend ein Tempolimit eingeführt werden. Eine Reduktion auf 130 Kilometer pro Stunde ist das Mindeste, von mir aus darf es aber auch deutlich weniger sein.

Ich kann mir gut vorstellen, dass wir selbst auf den Autobahnen nur noch mit 100 Sachen unterwegs sind. Öffentliche Verkehrsmittel müssen ausgebaut, die Frequenzen erhöht und der Preis reduziert werden. Österreich ist mit dem Klimaticket im Jahr 2021 einen guten Weg gegangen. Mit nur 3 Euro am Tag können Sie österreichweit alle öffentlichen Verkehrsmittel nutzen. Zudem steigt erfreulicherweise das Angebot an Nachtzügen, was eine klimaschonende Alternative zu Flügen bietet. Und auch bei der klimafreundlicheren Variante, dem E-Auto, muss ein Umdenken stattfinden. Für den Individualverkehr bedarf es kleinerer Autos, nicht der großen SUVs, die durch Größe und Gewicht erheblich mehr Energie und Platz verbrauchen als wendige kleine Stadtflitzer.

Bitte steigen Sie um.

Die Mobilität der Zukunft sieht anders aus als jene von heute. Wir werden uns anders fortbewegen, angenehmer, schneller, entspannter und vor allem klimafreundlich und gesünder. Um unser Klima zu retten, müssen deutlich weniger Autos unterwegs sein. Es wird kaum noch Menschen geben, die ein eigenes Auto besitzen.

Die logische Schlussfolgerung daraus: Weniger Autos brauchen weniger Straßen, weniger Platz, sei es zum Fahren, sei es zum Parken. Die gelebte – oder verbaute – Realität schaut aber ganz anders aus. In den vergangenen 20 Jahren ist der Flächenverbrauch durch Straßen und Parkplätze massiv angestiegen. Gleichzeitig schrumpfte jener von Schienenverkehrsanlagen. SO werden wir die Verkehrswende bestimmt nicht schaffen.

Wir wissen heute, dass mehr Straßen mehr Verkehr hervorrufen. Mehr Verkehr führt langfristig wieder zu mehr Staus, und die Forderungen nach noch mehr Straßen werden nicht lange auf sich warten lassen. Es ist ein Teufelskreis, aus dem wir jetzt ausbrechen müssen. Um unsere Straßen zu entlasten, sind Investitionen in den öffentlichen Verkehr wie den Ausbau von Radwegen in den Städten vonnöten. Wenn wir uns bewusst machen, dass 60 % aller Autofahrten an Werktagen in Österreich kürzer als 10 Kilometer sind, 40 % kürzer als 5 Kilometer, dann merken wir, dass die meisten Strecken davon mit dem Fahrrad, die längeren zumindest mit einem E-Bike zurückgelegt werden können. Meist bringt der Umstieg vom Pkw auf das Rad sogar eine Zeitersparnis mit sich, da das Fahrrad in Städten bei solchen Distanzen sogar das schnellste Verkehrsmittel ist.

Im Jahr 2021 wurde in Österreich mit einer Evaluierung aller Bauprojekte von Autobahnen und Schnellstraßen im Hinblick auf die Klimaziele begonnen. Nicht ohne Widerstand. Kaum wurde der Baustopp des Lobautunnels durch ein Naturschutzgebiet vom Bundesministerium für Klimaschutz, Umwelt, Energie, Mobilität, Innovation und Technologie verlautbart, antwortete die Stadt Wien mit Klagsdrohungen gegen diese Entscheidung. Auf einen Rückbau oder eine Redimensionierung von Straßen warten wir natürlich noch, aber ein Blick in andere Länder zeigt, dass dies bereits ein großes Thema für die nahe Zukunft wird. Böden, die asphaltiert und zubetoniert werden, sind irreparabel zerstört. Bei starkem Regen kann das Wasser auf diesen Böden nicht mehr ablaufen oder versickern. Starkregenereignisse häufen sich durch den Klimawandel, und immer öfter erleben wir, dass Abflüsse die Regenmassen nicht mehr aufnehmen können, Straßen, Plätze, Gebäude, Keller überflutet werden. Im ländlichen Bereich steigt durch versiegelte Böden die Gefahr von Murenabgängen und Hochwasser, was oft weitere landwirtschaftlich genutzte Böden zerstört.

Es reicht also nicht, nur die Autos zu reduzieren, wir müssen auch die Verkehrsinfrastruktur neu denken, neu planen, neu ausrichten. Und hier befinden wir uns in einem weiteren Teufelskreis: Die Straßen, Parkplätze in den Städten, Autobahnen und Landstraßen wirken sich auf unser Klima aus, aber auch umkehrt. Wetterextreme werden zunehmend zur Gefahr und stellen uns vor neue Herausforderungen. Neben der Reduktion von Treibhausgasen müssen wir unsere Verkehrswege an die neuen Gegebenheiten anpassen.

In den Städten bilden sich im Sommer sogenannte Hitzeinseln. Durch den vielen Beton ist dort die Temperatur höher als in der unbebauten Umgebung. Dieser Unterschied kann gut 10 °C ausmachen. Wenn wir an die vergangenen Sommer in den großen Städten denken, wirkt der Begriff Hitzeinsel viel zu harmlos. Wir können hier eindeutig von einer wahren Hitzehölle sprechen. Was wir brauchen, ist weniger Beton, mehr Grün, weniger Straßen, mehr Natur.

Mir ist natürlich klar, dass wir nicht alle Straßen und Betonflächen loswerden können. Wir können diese Flächen allerdings zusätzlich nutzen. Warum sollten Straßen in Zukunft nicht auch zur Energiegewinnung durch Solarthermie genutzt werden? Solarthermie bezeichnet die Umwandlung von Sonnenenergie in nutzbare thermische Energie. So wäre es durchaus möglich, damit angrenzende Gebäude zu heizen.

Wenn die Sonne auf den Straßenbelag trifft, heizt sich dieser kräftig auf. Diese Hitze könnte beispielsweise Wasser in Rohren, die unter der Straßenoberfläche verlaufen, erwärmen, und dieses heiße Wasser könnte dann in die umliegenden Häuser gepumpt oder in Tanks gespeichert werden. Zumindest im Sommer wäre das selbst in Österreich oder Deutschland möglich.

PD Während ich diese Zeilen schreibe, stehen in Wien, Hirschstetten, seit über fünf Monaten die Bagger still und zahlreiche Zelte im Dreck. Bereits seit den 1990ern protestieren Bürger*inneninitiativen wie „Hirschstetten – retten" oder „Rettet die Lobau" gegen den Bau von Lobauautobahn und Stadtstraße. Fossile Großprojekte, die seit über 20 Jahren, buchstäblich seit dem vergangenen Jahrtausend, in Planung sind. Es würde so viel Fläche wie der ganze erste Bezirk innerhalb der Ringstraße versiegelt und 8,2 km des Biosphärenreservates Lobau mit einem Tunnel untergraben werden. Damit will die Regierung das neue Wohngebiet Seestadt Aspern an das Umland anbinden und die Tangente vom Stau befreien. Doch das ist eine Lüge im Deckmantel der „Verkehrsentlastung", „Sicherung von Arbeitsplätzen" und „Stadtentwicklung". Denn eine Straße bringt Autos. Das ist eine einfache Schlussfolgerung.

Die TU Wien schreibt in einer Studie: „Der Lobautunnel wirkt kontraproduktiv auf die von der Stadt Wien angestrebten Ziele der Stadt- und Verkehrsentwicklung." Die wenigen Vorteile der Autobahn gäbe es auch bei gescheitem Ausbau der öffentlichen Verkehrsmittel und flächendeckendem Parkpickerl. Aber während unfertige Bahn- und Straßenbahnprojekte schon seit Ewigkeiten auf Geld und Umsetzung warten, scheinen Stadt- und Bundesregierung plötzlich einen goldscheißenden Esel zu beherbergen, wenn es um Asphaltflächen geht. Autobahn und Straße verschlingen zusammen bis zu 4,5 Milliarden Euro. Mit diesem Geld könnte man 33-mal so viele Bäume pflanzen, wie in allen Wiener Parks zu finden sind. Das ist mehr Budget, als Österreich pro Jahr in den Klimaschutz investieren müsste, um bis 2040 klimaneutral zu werden. Die Regierung tut in Wahrheit genau das Gegenteil. Aber im Scheinwerferlicht prahlt sie mit einer Klimamilliarde.

Ich fühle mich verarscht. Mir wird schlecht. Seit Ewigkeiten widerlegen die Umweltschutzorganisationen die angebliche Notwendigkeit von Lobauautobahn und anderen Großprojekten und bieten zahlreiche Alternativen, werden aber gekonnt ignoriert. Doch wir lassen uns nicht zum Schweigen bringen. Wir geben diesen wunderschönen Lebensraum nicht auf, der Teil der 18 Fußballfelder Boden werden soll, der jeden Tag in Österreich zubetoniert wird. Mit der Lobau soll es anders kommen.

27. August 2021

Es reicht uns! Wir hängen bunte Banner und Hängematten zwischen Bäume, schlagen Zelte auf: In einem kleinen Park am Rande von Wien entsteht das Lobaucamp. Wir schreiben Presseaussendungen, organisieren Kundgebungen, verteilen Flyer. Wir sind erschöpft, Kaffee ist ein täglicher Begleiter. Anfangs denken wir, wir halten es nicht länger als eine Woche aus, die Stadt lässt uns wohl bald räumen. Doch unser Demospruch wird wahr: Wir sind gekommen, um zu bleiben. Wir bleiben. Über Wochen und Monate hinweg werden eine Struktur und eine Strategie aufgebaut, verschiedenste Organisationen verbünden sich im Kampf gegen den fossilen Kapitalismus, werden zur „Lobau-bleibt!"-Bewegung. Wir sind nicht die Einzigen und nicht die Ersten, die zivilen Ungehorsam, also die bewusste Überschreitung von Gesetzen (sowie das Betreten einer Baustelle), als letzte Möglichkeit sehen, ihre Zukunft zu retten.

In den Sommermonaten, wenn wir gemeinsam auf Parkbänken Kartoffeln für das Abendessen schälen, höre ich viele Geschichten. Von Hainburg, dem Dannenröder und dem Hambacher Forst. Das gibt uns Kraft, das gibt uns Mut. Wir wissen, dass wir nicht allein sind: Anrainer*innen unterstützen uns mit Spenden, wir können bei ihnen duschen, unsere Kleidung waschen. Sie sind uns dankbar, und sie sind wütend, dass die weiten Felder vor ihren Haustüren bald zu Beton werden sollen. Sie sind aus unserem Protest nicht mehr wegzudenken. Es passiert verdammt viel, und doch rennt die Zeit irgendwie vorbei. Plötzlich ist Winter, und wir wärmen unsere gefrorenen Finger an dampfenden Teetassen. Unsere Regenbogenfahnen hängen lasch in der eisigen Windstille. Ab und zu knistert ein Lagerfeuer. Es wird immer früher dunkel, es wird kälter, nässer. In den Hängematten liegen jetzt die Blätter, die von den Bäumen gefallen sind. Aber wir geben nicht auf. Wir sind viele, und wir bleiben laut!

3. Dezember 2021

Wir schreien „Lobau bleibt!" und erfahren, dass sie das wohl wirklich tut. Die österreichische Umweltministerin Leonore

Gewessler stoppt den Bau der Lobauautobahn, für den der Bund verantwortlich ist. Wir können es nicht glauben, haben das nicht zu träumen gewagt. Die Politik traut sich also doch etwas. Da bleibt jetzt nur noch die Stadtstraße, eine vierspurige Schnellstraße, die die Wiener Stadtregierung um jeden Preis durchboxen will. Doch wir wissen, dass wir es sind, die diesen Preis schlussendlich bezahlen müssen. Und wir wehren uns dagegen. Wir wollen eine Zukunft, wie sie die Generationen vor uns hatten, wollen eine Welt, die noch lange nicht untergeht. Und plötzlich finden Klimaaktivist*innen Drohmails in ihren Postfächern, weil sie für diese Wünsche ihre Freizeit geben, weil sie dafür auf die Straße gehen. Die Stadt Wien droht mit Klagen. Unter den Betroffenen sind auch Minderjährige. NGOs wie Greenpeace und Amnesty International bezeichnen das als Menschenrechtsverletzung.

Langsam zweifle ich daran, in einer Demokratie zu leben. Ich habe gedacht, wir hätten das Privileg, unsere Meinung sagen zu dürfen, ohne von Menschen in Machtpositionen unterdrückt zu werden. Ich habe anscheinend falsch gedacht. Es gibt einen Medienaufschrei, die Politik versucht, ihre Klagen zu rechtfertigen, stolpert über ihre eigenen Aussagen. Schließlich werden die Klagen gegen die Minderjährigen zurückgezogen.

30. Dezember 2021, 02:00

Wir philosophieren, malen uns eine Zukunft aus. Wir sind zu acht im unteren Stockwerk des Turms auf einer der besetzten Baustellen. Müde, aber zu faul, um aufzustehen, die Leiter hinaufzuklettern und uns niederzulegen. Es ist so spät, dass es nicht mehr Abend, sondern schon Morgen ist. Aber der Schlafrhythmus wird überbewertet, wir haben eine Welt zu retten und uns viel zu erzählen nach den Feiertagen. Ich versinke in einem Haufen Jacken und fühle mich umarmt. Unsere Augen sind auf Halbmast, die Musik nimmt zu viel Raum in unseren Köpfen ein. Unser letztes Lied ist „Das ist alles von der Kunstfreiheit gedeckt", das weiß ich noch. Und dann gibt es einen Knall. Ein warmes orangenes Licht, ein Aufleuchten hinter dem Fensterglas. Eine Explosion, ein Feuerwerk? Die plötzliche Helligkeit ist laut in meinen Augen. Noch viel lauter ist unser Schreien. Ich bin reglos. Jemand springt hoch, reißt die Tür auf. Um unsere Schuhe schlängelt sich eine Flüssigkeit. Aus ihr steigt Feuer auf.

„Alle raus!" Das ist die Aufforderung, die wir brauchen. Plötzlich bin ich wieder am Leben, kann meinen Körper kontrollieren. Wir bahnen uns an den Flammen vorbei. Wir riechen Benzin. Uns hat jemand mit Absicht angezündet. Ich denke nicht, ich handle im Schock, dankbar für das Adrenalin, das mich in dieser Situation in einen übernatürlichen Zustand versetzt. Wir stehen draußen, barfuß oder in Socken, und schauen dem Feuer zu, wie es unseren Turm auffrisst. Ich bin panisch. Ich zittere am ganzen Körper. Wir umarmen uns fest. Ich reiße mich zusammen, rede mir ein, dass ich mutig bin. Dann fällt uns der Feuerlöscher ein. Er ist augenblicklich leer, nützt uns einen Dreck. Alles ist surreal. Plötzlich bin ich im Turm, reiße Rucksäcke und Jacken vom Boden. Bin erschrocken, wie wichtig uns materielle Dinge sogar in diesen Momenten sind. Ich nehme alles, was ich kriegen kann, renne hinaus und schmeiß das Zeug in den kühlen Gatsch.

Wir rufen die Polizei. Wir brauchen Hilfe. Wir sind allein. Zwei versuchen, Autos anzuhalten. Ich renne auf die Straße, an der anderen Seite vom Turm vorbei, über zerbrochenes Fensterglas, weiß, dass ich größere Probleme habe als Scherben in meiner Ferse. Ich sehe den Turm lichterloh brennen. Ich schreie, renne über den Asphalt, lauter, gellender. Unser Banner leuchtet im Nachthimmel. Lobau bleibt. Von der anderen Seite qualmt der Rauch. Hinter dem Schlafzimmerfenster züngeln die Flammen. Diese Bilder brennen sich in meinen Kopf. Der Himmel, das Banner, der Rauch. Ich bin wieder bei den anderen. An unsere Schuhe denken wir nicht. Die schmelzen irgendwann, sind in Benzin getränkt. Das Feuer ist so groß. Meine Wahrnehmung verschwimmt. Dann stoppt ein Auto. Fremde schreien uns zu, wir sollen „Raus da, raus da!" Und wir stolpern durch den Bauzaun hindurch. Ich erinnere mich an ein freundliches Gesicht. Wir stehen draußen in der Wiese im Matsch. Gewand und Rucksäcke um uns verstreut. Ich fühle mich starr. Ich fühle mich unecht. Ich fühle gar nichts. Dann ist die Polizei da, dann ist die Feuerwehr da.

Am nächsten Morgen hängt der Rauch noch in der Luft. Ein beißender Geruch. Ich halte verbrannte Spielkarten und Gummistiefel in den Händen, stehe auf den Trümmern des Turms, der in sich zusammengefallen ist. An diesem Abend ist Silvester, und ich kann den Start ins neue Jahr nicht genießen. Bei jedem Knall klopft mein Herz zu schnell. Die nächsten Tage weiß ich nicht, was ich fühlen soll. Ich bin leer in mir drin. Dass Klimaaktivismus auch in Österreich gefährlich ist, trifft mich wie ein Schlag. Weil wir für eine lebenswerte Zukunft auf diesem Planeten einstehen, machen wir uns Feinde. Von der Politik werden wir kriminalisiert, von anderen mit Gewalt bedroht, während wir friedlich demonstrieren. Ich war zu naiv, zu gutgläubig. Mein Vertrauen in die Menschen wird von Tag zu Tag weniger. Das macht mir Angst. Jedes Mal, wenn ich in der Zeitung von acht Menschen lese, die hätten sterben können, zucke ich zusammen. Es hätte alle treffen können. In meinem Kopf spielt es die Nacht im Schnelldurchlauf. Und dann sind da noch diese „Was wenn"-Szenarien. Was, wenn wir geschlafen hätten? Was, wenn das Feuer zu nah gewesen wäre?

Wenn ich heute daran denke, schnürt es mir noch immer den Hals zu. Und vor allem ist da die Wut. Darüber, dass der Wiener Bürgermeister den Brandanschlag als bloße Bestätigung für die Nachteile eines „rechtsfreien Raumes" in einer Stadt sieht und nicht einmal, um sein eigenes Image aufzupolieren, ein paar mitfühlende Worte sagt. Darüber, dass jemand in Kauf genommen hätte, uns zu verletzen oder gar zu **töten**, um unserem Protest Schaden zuzufügen. Dabei ist es doch das Wichtigste, friedlich zu bleiben und auf Augenhöhe in Dialog zu treten – egal, ob für oder gegen den Bau der Stadtstraße.

Bei der Mahnwache am nächsten Sonntag blicke ich in müde, erschöpfte Gesichter. Aber füreinander finden wir dann doch noch ein Lächeln. Die Bewegung ist ein Netz, das sich gegenseitig auffängt und kraftvoll wieder hochkatapultiert. Wir erfahren so viel Solidarität wie noch nie.

1. Februar 2022

Es ist warm für die Jahreszeit. Die öffentlichen Verkehrsmittel sind gesperrt, um uns die Ankunftsmöglichkeiten zu den Baustellen in Hirschstetten zu erschweren. Auf einer zerschlägt ein Baggerarm die Scheibe der selbst gebauten Holzpyramide. Das Glas zerspringt, man kann die Betten und verzierten Wände in den Innenräumen sehen. Die Polizei steht mit weißen Helmen und grimmigen Gesichtern vor den Bauzäunen. Und vor ihnen Hunderte Klimaaktivist*innen mit Bannern und Megafonen. Ich sehe Gesichter, die mir in den vergangenen Monaten vertraut geworden sind, die Mut ausstrahlen. Wir schauen uns mitfühlend an, spüren die Wut der anderen, unsere Herzen sind zu Fäusten geballt. Es werden Polizist*innenknie in die Rücken von Klimaaktivist*innen gedrückt, 48 Menschen festgenommen. 48 Menschen, die für ihre Zukunft demonstrieren. Menschen, die von Bäumen durch die Zweige schauen, mit Schildern in den hochgereckten Armen, auf denen „Rette mich!" geschrieben steht. Von denselben Bäumen stürzen Äste zu Boden, sie werden mit Kettensägen abgesägt, während in den Kronen die Menschen den Stamm umschlungen halten. Klimaschützer*innen werden abtransportiert. In den silbernen Autos mit dunkel verglasten Fensterscheiben können wir sie nur noch schemenhaft erkennen. Vor unseren Augen werden Bäume gefällt, wird mit den Bauarbeiten begonnen. Die Pyramide stürzt unterm blauen Himmel einfach in sich zusammen. Mit Baggern zertrümmert. Es ist ein grauenhaftes Symbol.

Wir wurden angeklagt, angezündet und schließlich geräumt. Die Stadt Wien hat monatelang konstruktive Gespräche verweigert. In der ORF-Sendung „Wien heute" meinte Verkehrsstadträtin Ulli Sima, sie habe „sehr intensiv versucht, einen friedlichen Ausweg aus diesem Konflikt zu finden". So hinterhältig, so falsch. Wir brüllen uns die Hilflosigkeit aus den Körpern, unsere Wut in den orangenen Himmel hinein. In mir krümmt sich alles. Die Metallstäbe der Bauzäune verschwimmen. Während wir im Rhythmus der Sprüche unsere matschigen Schuhe in den Boden stampfen, geht die Sonne unter. Und fast glaube ich, es ist die Welt. Vor mir ein Sandfeld, die Wüste, auf der im Sommer noch Sträucher wuchsen. Jetzt eine Baustelle, aus der die Bagger in den wolkigen Himmel ragen, und dahinter die Stadt. Unsere Stimmen schallen über Wien. „Lobau!", schreien wir. „Bleibt!", schreien wir. Wir sind nicht allein, wir sind viele. Die Besetzung ist nicht vorbei. Denn egal, wie viele Baustellen sie räumen, unsere Bewegung bleibt. Und die Menschen, die dahinterstehen bleiben, weil wir verdammt noch mal dafür gekommen sind.

Als ich am selben Abend diesen Absatz verfasse, hängt in meinen tippenden Fingern noch immer die Kälte. Meine Stimme habe ich rau geschrien. Ich bin erschöpft und weiß, dass es den anderen auch so geht, dass andere in Zellen sitzen, weil sie sich mit ihren Körpern gegen die Zerstörung unseres Planeten gewehrt haben. Wir wären keine Aktivist*innen, wenn wir aufgeben würden. Auf den Trümmern werden wir gemeinsam das Paradies erbauen.

„Was ich gerne hätte – autofreie Städte!" Wir fordern Klimagerechtigkeit und deshalb auch eine radikale Verkehrswende. Das eine geht nicht ohne das andere, weil der Verkehr etwa ein Drittel der Emissionen Österreichs ausmacht. Wir bewegen uns in Maschinen fort, deren Treibstoff bald nicht mehr vorhanden sein wird, an der „frischen Luft" klebt sich Feinstaub in unsere Lungen, statt Grünflächen bauen wir Parkplätze, lauschen den Motoren statt Vogelgezwitscher. Die Politik rast lieber mit Vollgas in die Klimakrise, als die Weichen für eine tiefgreifende, menschen- und umweltfreundliche Wende zu stellen. Das ist ein Verbrechen an der Zukunft. Um die Klimakrise zu verhindern, muss in allen Bereichen Nachhaltigkeit vor kurzfristigem Profit stehen.

Eine Straße zu bauen, bedeutet, dem fossilen Verkehr buchstäblich den Weg zu ebnen und den Verkehr der Vergangenheit in die Zukunft einzubetonieren. Damit werden Emissionen vorprogrammiert. Stattdessen brauchen wir Wien als eine Klimamusterstadt, die ihren Namen verdient. Unsere Mobilität muss sich so verändern, dass sie sozial und für alle da ist. Eine Straße bringt nur den Menschen etwas, die ein Auto haben. 44 % des Viertels der ärmsten Haushalte tun das nicht. Sie sind also zu Klimaschutz gezwungen, während das klimaschädlichste Prozent der Haushalte Europas 60 % seiner Emissionen allein durch Landverkehr verursacht. Es sind die Reichen, die in den grünen Außenbezirken in Einfamilienhäusern mit Garten leben, am Morgen von Vogelgezwitscher geweckt werden und dann am Wochenende mit dem Auto ins Ferienhaus fahren. Es ist die ärmere Schicht, die sich kein Auto leisten kann, mit den öffentlichen Verkehrsmitteln zur Arbeit fährt, niemals Stille hat, an deren Fenstern der Feinstaub klebt. Neue Autobahnen sind also alles andere als sozial, auch wenn das manche Politiker*innen gerne so darstellen.

Der Ausbau von öffentlichen Verkehrsmitteln hingegen ist schon längst überfällig. Es ist doch klar, dass es für Pendler*innen schwierig ist, klimafreundlich unterwegs zu sein, wenn die Züge nur zweimal am Tag fahren. Es ist doch klar, dass viele zum Großeinkauf lieber ins Auto steigen, wenn es um die Ecke keine Bushaltestelle gibt. Wir brauchen bei den öffentlichen Verkehrsmitteln kürzere Intervalle, mehr Stationen, mehr Linien und günstigere Tickets. Dann können wir ruhig, schnell und klimafreundlich unterwegs sein. Natürlich ist das nicht in jeder Situation und für alle Menschen möglich. Personen, für die ein Verkehr mit öffentlichen Verkehrsmitteln körperlich nicht machbar ist, müssen in das Mobilitätsbild inkludiert werden – mithilfe von Fahrgemeinschaften oder E-Taxis zum Beispiel. Es gibt so viele wunderbare Möglichkeiten, Mobilität neu zu denken. Wir müssen ganz einfach kreativ sein und dürfen nicht aufgeben. Wir haben Gemeinden und Städte verdient, in denen nicht eine Fläche von 4000 Fußballfeldern für Autos reserviert ist. Wir haben Gemeinden und Städte verdient, die den Menschen gehören. Und zwar uns allen. Wir brauchen Parks und Platz statt Parkplätze.

Politik und fossile Großunternehmen tun gerne so, als würde uns Klimaschutz zum Verzicht zwingen, als würde uns eine Verkehrswende in die Steinzeit zurückkatapultieren. Ich bin diese elende Verzichtsdebatte so leid. Sie ist ein Widerspruch in sich. Wir klammern uns *jetzt gerade* an veraltete Stadt- und Mobilitätsbilder. Während Kurzstreckenflüge immer billiger werden, kosten Zugfahrten ein Vermögen. Wir tun so, als zeugten große und schnelle Autos von Wohlhaben und einem guten Leben. Wir dürfen nicht dem Glauben verfallen, dass Veränderung Verlust bedeutet, sondern müssen begreifen, dass wir eine Welt zu gewinnen haben. Wir müssen unser Verständnis von Wohlhaben und einem guten Leben neu definieren. Luxus bedeutet, klares Wasser trinken zu können, saubere Luft einzuatmen, in ruhigen, begrünten Städten zu leben, uns gesund und klimafreundlich fortzubewegen. Es tut dem Klima *und* uns gut, wenn wir gemeinsam eine Mobilitätswende einläuten. Mit Fahrradklingeln und nicht mit Autohupen. Wir stehen nicht im Stau. Wir sind der Stau. Aber gemeinsam können wir das ändern. In der Lobau und überall.

These 4

Wir müssen unsere Ernährung umstellen

MW Du bist, was du isst, und was wir essen, müssen wir ändern. Was wir essen, beeinflusst nicht nur unsere Gesundheit, unsere Leistungsfähigkeit unser Leben, sondern auch Luft, Wasser, Boden und unser Klima. Rund 20 % aller Treibhausgasemissionen verursacht unsere Ernährung. Bei den freigesetzten, klimaschädlichen Treibhausgasen handelt es sich zum einen um CO_2, das beim Anbau, der Lagerung, dem Transport und der Zubereitung entsteht, und zum anderen um Methan, das vor allem Kühe durch ihre Verdauung produzieren und das sich durch Düngung bildet, und schließlich um Lachgas, ebenfalls ein Produkt der Düngung. Methan und Lachgas sind im Vergleich zu CO_2 deutlich wirksamere, also aggressivere Treibhausgase. In der Atmosphäre wirkt sich Methan etwa 21-mal und Lachgas sogar um die 310-mal so schlecht auf unser Klima aus wie CO_2.

Grundsätzlich verursacht die Produktion von Obst, Gemüse oder Teigwaren deutlich weniger Emissionen als jene von tierischen Produkten. Allerdings kommen sehr oft Treibhausgase durch das Beheizen von Glas- und Gewächshäusern oder den Transport per Flugzeug dazu. Bei der Viehzucht und Rinderhaltung zur Milch- und Fleischerzeugung fallen auch die großen Mengen an benötigten Futtermitteln ins Gewicht. Wie schon erwähnt, werden oft große Flächen des Regenwaldes abgeholzt, um mehr Flächen für den Anbau dieser Futtermittel, wie etwas Soja, zu erhalten.

Wenn wir unser Klima retten wollen, müssen wir unsere Ernährung umstellen. Das Gute daran: Wir können sofort damit beginnen. Dazu sollten wir weniger tierische Lebensmittel wie Fleisch oder Käse zu uns nehmen und saisonales Obst und Gemüse bevorzugen. Beim Einkaufen sollten wir unseren Fokus auf regionale und saisonale Produkte richten und vermeiden, dass unsere Lebensmittel lange Flugstrecken, etwa aus Übersee, hinter sich haben. Es hilft unserem Klima ebenso, wenn wir unseren Einkauf, sofern möglich, zu Fuß oder mit dem Fahrrad erledigen. Setzen Sie, wenn es das Budget erlaubt, auf Bioprodukte und lassen Sie konventionelle Ware im Regal liegen. Auch selbst zu kochen, verursacht in der Regel weniger Treibhausgase, als essen zu gehen oder Fertiggerichte und Tiefkühlkost zu „genießen".

Ein wichtiger Schritt ist also, bewusster und sorgsamer mit Lebensmitteln umzugehen. Bitte werfen wir keine Lebensmittel weg. Vermeidbare Lebensmittelabfälle entstehen entlang der gesamten Wertschöpfungskette, auf dem Feld, im Handel und schließlich bei uns Konsumenten. Weltweit geht so ein Drittel aller produzierten Lebensmittel verloren. Das sind in Österreich rund eine Million Tonnen genussfähiges Essen, das im Müll landet, in Deutschland sind es fast 11 Millionen Tonnen. Das sind Lebensmittel, die bereits produziert, transportiert und verpackt wurden, aber nicht gegessen werden. Hier können wir eine sehr große Menge an Treibhausgasen vermeiden, ohne dass noch jemand auf irgendetwas verzichtet hat.

PD Erdbeeren im Winter. Ananas von der anderen Seite des Globus. Fleisch von Tieren, die vor ihrer Schlachtung nicht einmal ein wirkliches Leben hatten. Wir halten die Gabel in der linken Hand, das Messer in der rechten und essen langsam unseren eigenen Planeten auf. Wir wischen uns mit Servietten über die glänzenden Lippen. Ich bin angeekelt von der Art, wie wir uns ernähren. Wir halten uns streng an die Etikette, erfreuen uns an zu Rosen gedrehten Karotten, aber dass wir Lebewesen essen, die davor ein kurzes Leben gelitten haben, ist uns buchstäblich wurscht.

Das ist doch höchst morbid. Wir roden den Regenwald, bauen Soja an, mästen Lebewesen, in winzigen, dunklen Räumen zusammengepfercht, und töten sie. Dann läuft uns das Wasser im Mund zusammen, wenn ein knusprig gebratenes Schwein auf unseren Tellern liegt. Wir haben uns in Lügen verstrickt. Uns wird eingeredet, Rind, Schwein und Co würden ihren Lebensabend auf der grünen Alm verbringen und Heidi streichle sie noch einmal zum Abschied, bis sie von selbst in den Schlachtschussapparat laufen. Und wir glauben das gerne.

Doch viele Schweine schaffen es nicht einmal hierhin. In Deutschland stirbt jedes fünfte Schwein noch vor der Schlachtung durch schwere Krankheiten oder Verletzungen. Tiere, die nur leben, um zu leiden. In Österreich sind die Zahlen wohl ähnlich. Es ist so absurd: Beim Anblick eines kleinen Ferkels machen wir „moii“, reden in Babysprache mit flauschigen Küken. Doch wenn es darum geht, dass in Österreich, wie der Tierschutzverein aufzeigt, jedes Jahr neun Millionen männliche Küken vergast oder geschreddert werden, ignorieren wir das gekonnt. Wir sind eine moralische Katastrophe. Und fürs Klima genauso.

Wie der Fleischatlas schreibt, emittieren „die fünf größten Fleisch- und Milchkonzerne [...] genauso viele Treibhausgase wie Exxon, der größte Ölmulti der Welt. Mehr als die Hälfte der landwirtschaftlichen Emissionen in Österreich stammen aus der Nutztierhaltung." (Siehe Fleischatlas, S. 8–9) Und Österreich ist in Sachen Fleischkonsum europäischer Spitzenreiter. Der Verbrauch pro Kopf beträgt laut Fleischatlas 93,8 kg jedes Jahr, davon 36,4 kg Schweinefleisch. Das ist peinlich für ein Land, das sich bei jeder Gelegenheit die „Klimaschutzvorreiter"-Verkleidung überwirft.

Wir müssen etwas ändern und unsere Ernährungsweise radikal umstellen. Wir müssen „selbst die Veränderung sein, die wir uns wünschen für diese Welt", wie es Gandhi gesagt hat. Doch Konsument*innen dürfen die Schuld nicht allein tragen. Ich mag das Sprichwort „Kehre zuerst vor deiner eigenen Tür" nicht. Denn viele Menschen haben weder Zeit noch Geld für einen Besen. Für sie ist es schwierig, auf eine klimafreundliche Ernährung umzusteigen. Vor allem wenn die Politik genau das bewusst erschwert.

„Stopp Mercosur!", haben wir uns im Herbst 2020 auf die Handflächen geschrieben und protestiert. Das Assoziierungsabkommen zwischen der EU und den Mercosur-Ländern (Argentinien, Brasilien, Uruguay und Paraguay) soll „92 % der Importe aus dem Mercosur in die EU und 91 % der Produkte in die Gegenrichtung" (siehe Fleischatlas, S. 14) zollfrei machen. Das bedeutet, dass Palmöl, Soja etc. noch billiger um den halben Erdball geschickt werden können und die Rindfleischimporte in die EU bis zu 64 % (siehe Fleischatlas, S. 14) ansteigen werden. Das bedeutet mehr Treibhausgasemissionen. Außerdem kann die heimische Landwirtschaft kaum noch mithalten. Kleine Betriebe haben wenig Überlebenschance. In Österreich sperren jeden Tag fünf bis sieben Höfe zu. Konkurrenzfähig bleiben sie nur, wenn sie immer größer werden und somit billiger produzieren können. So viel also zum ach so „freien" Wettbewerb und der ökosozialen Marktwirtschaft, von der die Politik so gerne redet. Anstatt regionale und nachhaltige Unternehmen zu unterstützen, wird der Import von Billigprodukten erleichtert. Die EU ist damit schuld an der massiven Ausbeutung von Natur, Tieren und Menschen am anderen Ende der Welt. Und nicht nur dort, sondern auch in Österreich.

Der österreichische Fleischatlas schreibt: „Mehr als 97 Prozent des in Österreich produzierten Schweinefleischs stammen aus konventioneller Tierhaltung. Sie erlaubt sogenannte Vollspaltenböden, also Betonböden mit eingelassenen Spalten, durch die der Schweinekot nach unten fällt. Ebenso erlaubt ist die Ferkelkastration ohne Betäubung, und die Ringelschwänze werden trotz Verbot routinemäßig kupiert. Zuchtsauen werden im qualvollen Kastenstand und damit praktisch in einem Käfig gehalten." (Fleischatlas, S. 18) Bei Hühnern ist es nicht anders. In Deutschland ist das Schreddern von Küken seit 2022 verboten. Doch Österreich hat sich gegen ein Verbot ausgesprochen. Der Politik sind die Gewinne riesiger Agrarkonzerne also wichtiger als tierfreundliche Haltung.

Weltweit gibt es kein einziges Gesetz zur Senkung des Fleischkonsums. Dabei ist es doch genau das, was uns tagtäglich gepredigt wird, womit jede Person ihren eigenen Beitrag leisten kann, um die Klimakrise zu vermindern. Es liegt in der Hand der Regierungen, die richtigen Rahmenbedingungen dafür zu setzen. Denn es kostet Zeit und Anstrengung, sich nachhaltig zu ernähren. Und wenn uns Rollenbilder eine tierische Ernährung vorleben, Fleisch in Schulbüchern immer noch als „Grundnahrungsmittel" zählt und importierte Ware im Gegensatz zu regionalen Produkten immer billiger wird, ist es sowieso schwierig, dem Brainwashing zu entkommen. Der Wandel in der Bevölkerung passiert zwar – aber zu langsam: Nur 5–6 % der österreichischen Bevölkerung ernähren sich laut Fleischatlas vegan oder vegetarisch. Und das sind vor allem junge Menschen, die doppelt so häufig kein Fleisch essen wie der Rest der Bevölkerung. Es sind die Menschen, deren Zukunft von der Klimakrise gefährdet ist. Klimaschutz darf kein Lebensstil mehr sein, sondern muss auf allen Ebenen im Gesetz verankert werden.

These 5

Hausgemacht

MW Wohnen bildet neben unserer Mobilität und Ernährung einen weiteren Bereich in unserem Leben, der die Umwelt und unser Klima sehr stark belastet, etwa durch Flächen-, Wasser- und Energieverbrauch, aber auch durch Verschmutzungen, die durch unsere Art zu heizen oder zu kochen und unseren Abfall anfällt. Gerade zu Hause hat jede*r von uns viele Möglichkeiten, Umweltbelastung zu reduzieren.

Wir müssen darüber nachdenken, ob unser Wohnraum nicht zu groß ist. Denn je größer der Wohnraum pro Person ist, desto mehr Energie muss für das Heizen aufgebracht werden. Viele Wohnungen sind alt und daher schlecht gedämmt. Ein großer Teil wird immer noch mit Öl und Gas beheizt, teilweise durch ebenso überalterte und damit ineffiziente Heizanlagen, die rasch durch umwelt- und klimafreundliche ersetzt werden müssen.

Diese Probleme fallen beim Neubau weg. Sowohl beim Bau als auch beim anschließenden Leben und Arbeiten in dem Gebäude können große Mengen an CO_2 eingespart werden. Das beginnt bei der Wahl von ressourcen- und energiesparenden Baumaterialien und reicht bis hin zum Einsatz alternativer Energiequellen. So werden Sie mittel- und langfristig nicht nur CO_2-Emissionen einsparen, sondern auch viel Geld.

Das große klimarelevante Thema beim Hausbau ist ein ganz anderes. Neue Einfamilienhäuser oder Reihenhausanlagen tragen massiv zum Flächenverbrauch bei. In Österreich sind wir hier sogar „Europameister“ im Versiegeln von Grünflächen. In den vergangenen Jahren haben wir im Schnitt 11,5 Hektar pro Tag an Grünflächen zubetoniert. Das ist eine Fläche, die 18 Fußballfeldern entspricht. Zubetonierte, also versiegelte Böden erhöhen die Gefahr von Hochwasser bei Starkregenfällen, wie sie durch den Klimawandel häufiger werden. Über Asphalt und Beton staut sich im Sommer große Hitze, was bei steigenden Temperaturen eine zusätzliche Belastung darstellt. Wir verlieren Natur- und Ackerland. Auf diesen Flächen kann nichts mehr angebaut werden, Pflanzen und Tiere müssen weichen und verschwinden.

Es ist höchste Zeit, unsere Böden zu schützen, anstatt sie weiter zu verbauen. Wichtiger Erholungsraum und Natur kommt uns so laufend abhanden. Viele Einfamilienhäuser nehmen uns nicht nur natürlichen Lebensraum, sondern tragen auch zur rollenden Verkehrslawine bei. Weil man ja in der Natur, die man gerade selbst zerstört, wohnen will, sind die öffentlichen Verkehrsmittel meist zu weit entfernt, und so stehen vor neuen Häusern meist gleich zwei Autos, mindestens eines davon muss natürlich ein überdimensionierter SUV sein. Das nachhaltigste Einfamilienhaus bleibt schlicht das nicht gebaute.

PD Wir müssen unsere Häuser auf den Kopf stellen. Denn unter unseren Dächern stauen sich die Emissionen. „40 % der österreichischen Haushalte heizen noch mit fossilen Energieträgern." (Siehe Wien Energie Positionen) Genauer gesagt, über eine halbe Million mit Öl und circa eine Million mit Gas. Das sind veraltete Wärmesysteme, die noch in vielen Häusern bestehen oder immer noch neu installiert werden. Menschen ziehen in Altbauten ein und haben keine andere Möglichkeit, als in fossiler Energienutzung hängen zu bleiben. Hürden in der Bauordnung und kurzfristige hohe Kosten machen den Wechsel zu erneuerbaren Heiztechniken zu einem mühsamen Prozess.

Es müssen endlich gesetzliche Grundlagen und finanzielle Förderungen geschaffen werden, um den Umbau zu zentralisieren und zu erneuerbaren Wärmesystemen voranzutreiben. Außerdem braucht es ein Verbot für den Neubau, fossile Heizungen zu installieren – früher als erst 2025. Denn heute ist es immer noch erlaubt, Neubauten mit einer Infrastruktur auszustatten, die die Nutzung klimaschädlicher Energie für Jahrzehnte einmauert. Kohle- und Ölheizungen dürfen erst ab 2035 und Gasheizungen ab 2040 nicht mehr verwendet werden. Und wieder sind zukünftige Emissionen vorprogrammiert. Es ist absurd. Da hofft die Politik darauf, bis 2040 klimaneutral zu werden, aber verbietet Gasheizungen erst im selben Jahr? Bei der derzeitigen Einhaltungsbilanz ihrer Klimaziele also eher beängstigende Aussichten. Fossile Wärmesysteme heizen leider nicht nur unsere Häuser, sondern auch die Klimakrise an. Wir brauchen lenkende gesetzliche Maßnahmen für einen grundlegenden Wandel.

Die alleinige Umstellung unserer Heizinfrastruktur reicht nicht. Was bringt es denn, erneuerbar aus dem Fenster zu heizen, wenn das Haus nicht gescheit gedämmt ist? Drei Viertel der Gebäude in Österreich wurden vor 1990 errichtet, sind schlecht gedämmt und verschwenden Energie. Diese Gebäude müssen saniert werden, um das Wohnen darin nachhaltiger und günstiger zu machen. Wird die Dämmung verbessert, sinkt der Energieverbrauch. Dafür braucht es mehr Förderungen vonseiten der Politik und eine klimafreundliche Raumplanung. Um die Energieverschwendung genügend reduzieren zu können und zu 100 % auf erneuerbare, umweltfreundliche Energie umzusteigen, muss sich die Sanierungsrate verdoppeln!

Häufig müssten auch keine neuen Häuser mehr gebaut werden, weil es sie ohnehin schon gibt. Sie sind einfach unbewohnt. Dabei ist mangelnder leistbarer Wohnraum ein Riesenproblem. Die Gebäude wohlhabender Immobilienbesitzer*innen stehen leer, bis die Wertanlagen steigen. Da arbeitet also wieder das Geld. In Salzburg gibt es deswegen eine Leerstandsabgabe von 1000 Euro pro Jahr für jede 100 m^2 Wohnung, um die Vorenthaltung des Wohnraums vor der Allgemeinheit zu verhindern. Die Nutzung leerstehender Gebäude und Sanierung von Altbauten ist also nicht nur klimafreundlich, sondern auch sozial.

These 6

Weder öko noch sozial

MW Mit Steuern der globalen Erwärmung gegensteuern. Wir verschmutzen unsere Luft, wir erhitzen unsere Erde. Wir Menschen verursachen durch die Emissionen von Treibhausgasen die aktuell globale Erwärmung. Und der Klimawandel löst schon jetzt enorme Schäden aus.

Wie schon erwähnt, sind bei einem Hochwasser in Folge eines Starkregenereignisses in Deutschland im Jahr 2021 knapp 200 Menschen gestorben. Die Kosten für die Aufräumarbeiten und die Wiederherstellung werden auf rund 30 Milliarden Euro geschätzt. Weltweit kosten uns die Auswirkungen von zunehmenden Wetterextremen bereits 210 Milliarden Euro pro Jahr. Wer kommt für diese Schäden auf, wer bezahlt die verheerenden Folgen des Klimawandels? Vor allem dann, wenn, wie es schon jetzt häufig der Fall ist, Schäden in anderen Ländern und Regionen entstehen als in den großen Verursacherländern?

Es wird Zeit, dass die Verursacher zur Kasse gebeten werden. Es geht aber nicht nur darum, die Schäden zu zahlen, sondern sie so gut wie möglich von vornherein zu vermeiden. Die Umweltverschmutzung, der Ausstoß von Treibhausgasen, muss einen entsprechenden Preis bekommen. Umwelt- und klimafreundliches Verhalten muss im Gegenzug günstiger oder sogar belohnt und gefördert werden.

Eine der wichtigsten Maßnahmen, um Emissionen von Treibhausgasen zu reduzieren, ist eine Bepreisung von CO_2. Mancherorts wird bereits von Unternehmen eine pauschale Steuer auf die Menge der ausgestoßenen Gase eingehoben, in anderen Ländern werden hingegen Zertifikate an der Börse gehandelt. Das Ziel ist einfach: Das Geld, das der Verschmutzer zahlt, soll den wirtschaftlichen Schaden aufwiegen, den er verursacht. Noch besser wäre es natürlich, wenn der Schadstoffausstoß so teuer wird, dass sich die Unternehmen und Verbraucher*innen klimafreundliche und günstigere Alternativen suchen.

Es ist sehr schwer, den Schaden abzuschätzen, den eine Tonne CO_2 verursacht. Die UN bemisst die Kosten einer Tonne CO_2 in einer Höhe zwischen 110 und 140 Euro. Schweden hebt beispielsweise einen CO_2-Preis ein, der sich in diesem Rahmen bewegt. Die CO_2-Steuer gibt es dort seit 1991. Finnland war sogar ein Jahr früher dran. Rund 30 Jahre später sind auch Österreich und Deutschland endlich zu dem Entschluss gekommen, eine CO_2-Steuer einzuheben. In Deutschland ist das seit 2021 der Fall, die Höhe betrug zunächst 24 Euro pro Tonne und ist 2022 auf 30 Euro gestiegen. Im Oktober 2021 präsentierte die österreichische Regierung ihre ökosoziale Steuerreform, deren Kernstück eine CO_2-Bepreisung ist, die allerdings erst im Juli 2022 in Kraft tritt und einen Preis von ebenfalls 30 Euro pro Tonne vorsieht. Der Preis soll Jahr für Jahr angehoben werden und so bis 2025 schrittweise auf 55 Euro pro Tonne ansteigen.

Deutschland und Österreich führen also erst sehr spät eine CO_2-Steuer oder -Bepreisung ein, und der Preis ist zu niedrig. Allerdings laufen die Verhandlungen über eine derartige Steuer in Österreich bereits seit 16 Jahren, bisher ohne Ergebnis, nun aber kommt sie.

Aus meiner Sicht ist es schwieriger, eine neue Steuer einzuführen, als sie jetzt, wo wir sie haben, vielleicht doch rascher anzuheben, als geplant. Denn das ist ein wichtiger Schritt in Sachen Klimaschutz. Wer unserem Klima schadet, muss dafür bezahlen. Die CO_2-Bepreisung ist also richtig, jedoch zu niedrig. Hier müsste die Regierung rasch nachbessern, damit wir auf ein wirksames Niveau kommen.

PD Im Duden steht, *ökologisch* bedeutet: „die natürliche Umwelt des Menschen betreffend, sich für ihren Schutz, ihre Erhaltung einsetzend". Im Duden steht auch, *sozial* heißt: „dem Gemeinwohl, der Allgemeinheit dienend, die menschlichen Beziehungen in der Gemeinschaft regelnd und fördernd und die wirtschaftlich Schwächeren schützend".

Der Duden ist wohl um einiges klüger, als es die Regierung unter Sebastian Kurz im Oktober 2021 war. Da wurde eine sogenannte „ökosoziale" Steuerreform ins Leben gerufen. Die Politik hatte von einem „Einstieg in den Umstieg" gesprochen, das Türkisgrüne vom Himmel versprochen, doch was dann schlussendlich verkündet wurde, war weder öko noch sozial.

Kennen Sie den Moment, wenn Sie sich auf eine Packung Chips freuen und Ihnen beim Öffnen bewusst wird, dass die Hälfte Luft ist? Die „ökosoziale" Steuerreform ist genauso eine jämmerliche Mogelpackung. Die Hälfte Luft. Der Preis zur Besteuerung von CO_2 soll von 30 auf 55 Euro angehoben werden. Doch um klimaschädliches Handeln *spürbar* zu verteuern und die Verbraucher*innen in eine nachhaltige Richtung zu lenken, muss jede Tonne um 100 Euro besteuert werden. Mindestens! Also fast das Doppelte von dem, was die Politik im Herbst in den Himmel gepriesen hat. Statt mit 55 Euro aufzuhören, sollte die Bepreisung mit 50 Euro starten und dann schrittweise bis zu 180 Euro erhöht werden. Dabei gibt es Länder, die seit Jahren mit gutem Beispiel vorangehen. Schweden zum Beispiel, wo es einen CO_2-Preis von 114 Euro pro Tonne gibt. Dagegen ist Österreichs Reform ein sehr „falscher Fuffziger". Bei 30 Euro wird der Liter Benzin nur um 8 Cent teurer. Das übersteigt nicht einmal die Höhe normaler saisonaler Schwankungen und wird deshalb kaum Wirkung zeigen. Für einkommensschwache Personen ist das eine Belastung. Der*die reiche SUV-Fahrer*in nimmt die paar läppischen Cent jedoch gar nicht wahr. Von wegen sozial.

Damit Unternehmen die höheren Kosten einer klimaschädlichen Produktion schlussendlich nicht Konsument*innen auferlegen können, soll die Belastung in Form eines Klimabonus zurückgezahlt werden. Personen, die zum Beispiel aufgrund schlechter Anbindung an das öffentliche Verkehrsnetz häufiger mit dem Auto fahren *müssen*, bekommen Begünstigungen. Viel sinnvoller wäre es doch, den Bonus in Gutscheinform für klimafreundliche Mobilität zu vergeben. Dann könnte wirklich sichergestellt werden, dass das Geld nachhaltig genutzt wird.

Den sozialen Anstrich sollen dem Ganzen auch große Steuersenkungen geben. Doch anstatt Arme zu entlasten, werden Konzerne und Vermögende beschenkt. Die zweite und die dritte Steuerstufe werden gesenkt, genauso wie die Körperschaftssteuer, die den Gewinn von Unternehmen besteuert. Also Erleichterung für diejenigen, die es durch mittleres bis hohes Einkommen ohnehin schon leicht im Leben haben. Die 42 % der Österreicher*innen, die sogar so wenig verdienen, dass sie gar keine Steuern zu zahlen haben, werden vergessen. Das sind hauptsächlich Teilzeitbeschäftigte und davon die meisten Frauen*. Für sie bleibt auch der Familienbonus eine leere Hoffnung, denn den gibt es nur für Einkommenssteuerzahler*innen. Damit werden die Armen ärmer, die Reichen reicher. Die Einkommensschere zerschneidet das Band der Gerechtigkeit.

Um Industrie und Individuen endlich in Richtung Klimaschutz und Nachhaltigkeit zu lenken, braucht es eine viel höhere CO_2-Bepreisung und endlich eine Abschaffung des Dieselprivilegs sowie eine intensive Abänderung der Pendlerpauschale. Damit die „menschlichen Beziehungen in der Gemeinschaft geregelt und gefördert und die wirtschaftlich Schwächeren geschützt" werden können, müssen vermögensbezogene Steuern wie die Erbschaftssteuer oder Besteuerung von Dividenden massiv erhöht werden. Denn Arbeit trägt zu 8 und Vermögen zu 2 von 10 Steuereuros bei. Zu behaupten, dass „jede*r, die*der arbeiten geht, von der Reform entlastet werden würde", wie es die Bundesregierung getan hat, ist also hochgradig zynisch. Denn es profitieren wieder einmal genau diejenigen, die ihr *Geld für sich* arbeiten lassen.

Allein, dass die Wirtschaftskammer, an deren Spitze hohe Tiere aus der fossilen Industrie sitzen, zu einer Verfechterin der „ökosozialen" Steuerreform geworden ist, sollte uns zu denken geben. Derselbe Verein, vor dessen Türen wir noch vor ein paar Monaten protestierend gestanden waren, stand plötzlich für ökologisch und sozial. Da ist was faul, und ich kann den Schimmel schon riechen.

Noch am Freitag derselben Woche im Oktober versammelten wir uns am Heldenplatz und demonstrierten für eine radikalere Steuerreform, die die Schuldigen endlich für die Zerstörung unserer Zukunft bezahlen lässt und damit ein revolutionäres Zeichen für Klimagerechtigkeit setzen würde. Unseren Planeten zu ruinieren, darf keinen Profit mehr bringen. Wir fordern eine Steuerreform, bei der ich „ökosozial" nicht mehr unter Anführungszeichen setzen muss.

These 7

System Change, not Climate Change!

PD Die Gurken liegen neben Paprika, neben Mango, neben Kürbissen, neben Artischocken. In Reih und Glied im kalten Supermarktlicht. Es besteht die Wahl zwischen einer „Biogurke aus Spanien" und der „konventionellen Gurke aus Österreich". Sie plagen sich. Welche Gurke hinterlässt einen geringeren ökologischen Fußabdruck? Welche ist klimafreundlicher?

Uns wird eingeredet, wir könnten die Welt an der Kassa regieren. Der Supermarkt sei das Steuerrad des einfachen Volkes. Von hier aus können wir unseren Mut und die Biogurke ergreifen, um späteren Generationen stolz unter die Nase zu reiben, wir hätten die Katastrophe easy aus dem Geldbörserl verhindert. Denn die Kauf- ist die Superkraft der konsumierenden Bürger*innen. So oft wird uns gesagt, in unserer eigenen kleinen Alltagswelt müsse der Klimaschutz anfangen, davor hätten wir kein Recht, auf die Straße zu gehen.

Sie essen Fleisch? Sie fliegen manchmal in den Urlaub, weil es deutlich billiger ist als die klimafreundliche Alternative? Wehe, Sie gehen demonstrieren! Da würden Sie ja von der Regierung etwas einfordern, an das Sie sich selbst nicht einmal halten können! Der Politik ist das nur Recht. Sonst käme sie plötzlich selbst ins Spiel, sonst käme plötzlich raus, dass Europa fossile Energieträger mit 241 Milliarden Euro pro Jahr subventioniert, den CO_2-Reduktionspfad wissentlich zu niedrig ansetzt und Gesetze verabschiedet, die selbst bei Einhaltung und mit viel Optimismus nicht reichen.

Es darf nicht sein, dass Politik und Großunternehmen ihre Verantwortung weiterhin auf die Zivilbevölkerung abwälzen. Dabei sind allein 100 Konzerne für über 70 % der industriellen CO_2-Emissionen verantwortlich. Darunter auch Shell und BP, die zwei der 90 Unternehmen sind, die gemeinsam zwei Drittel aller Treibhausgasemissionen des gesamten Industriezeitalters (also seit Ende des 19. Jahrhunderts) verursacht haben. 2003 haben sie im Zuge einer intensiven Kampagne zusammen den sogenannten „ökologischen Fußabdruck" erfunden.

Dieses Konzept ist auf jeder „Wie kann ich die Welt mit meinem nachhaltigen Lebensstil verbessern und mich dabei selbst zu Tode reflektieren"-Website zu finden und berechnet, wie ökologisch die eigene Lebensweise ist, wie viel Fläche eine Person mit ihrer Art zu leben beansprucht. Das Problem ist: Egal, wie klimafreundlich der eigene Lebensstil ist, schon die Tatsache, in Österreich zu leben, verbraucht die einem zur Verfügung stehende Fläche. Die fossilen Subventionen und staatlichen Geschäfte allein sind schon so klimaschädlich, dass es für schlechte ökologische Fußabdrücke für alle reicht.

Es ist bizarr, dass zwei Unternehmen die Klimakrise, für die sie selbst verantwortlich sind, Konsument*innen in die Schuhe schieben. Aber das hüllen nicht nur Konzerne, sondern hüllt auch die Politik gerne unter den edlen Mantel des Schweigens. Die großen Kräfte spielen zusammen, wenn es um Wirtschaftswachstum geht. Die fossile Lobby mischt mit: So war die Anzahl der Lobbyist*innen für Erdöl, Kohle und Gas bei der Weltklimakonferenz 2021 in Glasgow „größer als die größte Regierungsdelegation" (siehe taz). Die Politik handelt nicht unabhängig. Sie ist in Abmachungen mit Konzernen verstrickt, und in eine Wirtschaft, die über dem Menschen und dem Planeten steht. Das BIP, also die Summe aller Wertschöpfungen eines Landes in einem Jahr, wird heiliggesprochen.

Wir messen unseren Wohlstand an den Gewinnen von Unternehmen, den Leistungen der arbeitenden Bevölkerung, an Geld. Doch dass Wohlstand in Wahrheit soziale Gerechtigkeit, eine intakte Umwelt, Bildung, Gleichberechtigung und vieles mehr bedeutet, ist in diesem System egal. Wir spielen ein Spiel, in dem schlussendlich alle nur verlieren können. Alles ist ein Wettbewerb. Wirtschaftsmacht gegen Wirtschaftsmacht. Nation gegen Nation. Wir wollen immer besser sein, immer höher, immer schneller hinaus. Alles dreht sich um Leistung und Profit. Doch der lässt sich nur machen, wenn andere dafür ausgebeutet werden. Egal, ob Mensch oder Natur.

Ich kann mir um wenige Cents Avocados kaufen, während Plantagenarbeiter*innen von schwerster Arbeit und Pestiziden sterben, kann mir Jahr für Jahr billige Kleidung anschaffen, die von anderen unter sklavereiähnlichen Bedingungen hergestellt wird. Ich kann alles wieder wegwerfen, und woanders wird jemand in meinem Müllberg leben.

Das ist die Wahrheit, und sie macht mich ohnmächtig. Diese Welt ist kaputt. Unsere Blicke sind verschleiert von all den Bedürfnissen, die uns Werbung und Co einreden. Wir brauchen dies, wir brauchen das. Wir leben in einem Überfluss und ertrinken darin. Getrieben von dem Stress, ständig den größtmöglichen Gewinn für uns herauszuholen. Wir sind Menschen aus der Konservendose, unsere Leben ein Fließbandprodukt, eine träge und faule Masse, die wohl auch ziemlich egoistisch ist. Unser Leben im Luxus, der Wohlstand der westlichen Welt, ist nur möglich, weil andere nichts haben. Doch nach Jahrhunderten der Ausbeutung stoßen wir an planetare und humanitäre Grenzen, haben die Ressourcen aufgebraucht. Denn unsere Welt ist nun mal endlich.

Für eine klimagerechte Welt brauchen wir eine grundlegende Veränderung. Und zwar sofort! Denn innerhalb dieses Wirtschaftssystems können wir die Klimakrise nicht verhindern. Alles dreht sich um immer mehr Produktion, um immer mehr Gewinn. Das sogenannte „grüne Wachstum" ist eine Illusion. Aber wer sagt, dass wir uns der Wirtschaft unterordnen müssen? Wer sagt, dass wir unseren Erfolg an Geld, einem irrealen Wert, messen müssen und nicht an der Zufriedenheit der Gesellschaft?

Wir haben ein System verdient, das sich Mensch und Planet unterordnet und am Wohlergehen aller orientiert. Wir müssen unsere Wegwerfgesellschaft überwinden und zu einer Kreislaufwirtschaft werden. Wir müssen ein Wirtschaftssystem finden, das nicht in Müllbergen und Ausrottung gipfelt, sondern fließend ineinander übergeht, den Kreis mit der Natur schließt. Wir müssen unsere Produktion auf erneuerbare Rohstoffe stützen, wiederverwenden und das reduzieren, was wir jetzt verschwenden.

Die Zukunft ist ein System, das nicht auf Ausbeutung, Geldgier und Egoismus basiert, sondern auf Gemeinwohl, Nachhaltigkeit und Gleichberechtigung. Ein Konzept, in dem der Staat eine enge Verbindung mit dem Markt eingeht und klare Gesetze schafft, um die willkürliche Ausbeutung von Mensch und Planeten durch Konzerne zu stoppen und durch gescheite Mindest- und Höchstgehälter sowie Vermögenssteuern ein faires soziales und ökonomisches Fundament für alle zu sichern. Es geht nicht um das Wachsen der Wirtschaft, sondern das Wachsen von Werten wie soziale Gerechtigkeit, Bildung, Frieden und die Intaktheit der Umwelt.

Uns wird eingeredet, jede*r Einzelne solle doch bitte bei sich selbst anfangen, statt die Politik an den Pranger zu stellen. Aber uns werden weder die Biogurke noch die Bambuszahnbürste den Arsch retten. Bitte verstehen Sie das nicht falsch! Wir sind verantwortlich für unser Tun, und der „man in the mirror" ist der Erste, der die Welt verbessern kann! Doch dabei darf es nicht bleiben! Die Schuld tragen nicht wir allein beim Einkaufen und Reisen, sondern vor allem Großkonzerne und Politiker*innen, die dieses Billigleben in Saus und Braus erst möglich machen.

Die Politik muss radikale Maßnahmen festlegen, die nachhaltige Veränderungen herbeirufen und Klimaschutz für Bürger*innen sowie fossile Unternehmen zum Gesetz macht. Und wenn sie das nicht tut, sind wir ihren falschen Entscheidungen nicht hilflos ausgesetzt, sondern können Veränderung einfordern. Wir sind so viel mehr als Konsument*innen und Arbeitskraft, und unsere politische Teilnahme ist mehr als die Abgabe des Stimmzettels in der Wahlurne. Wir können Widerstand leisten, können hören, wie schön und stark die eigene Stimme ist, wenn sie nur erhoben wird. Wir müssen laut sein, bis den Politiker*innen das Ohropax aus den Ohren ploppt. Das ist oft anstrengend in einer Welt, in der das wirklich grundlegende Hinterfragen unserer Werte und Normen in unnötigen Informationen ertränkt wird. Oft können wir die strukturell verankerten Probleme nicht erkennen, weil uns der hektische Alltag die Kräfte raubt. Aber das muss nicht so sein. Wir sind alle Teil dieser Welt und wir können sie mitgestalten.

Menschen sagen mir oft, wie dankbar sie für meinen Klimaaktivismus sind und wie sehr sie hoffen, dass sich noch etwas ändert. Es macht mich traurig, wenn Menschen denken, dass ihnen nur noch das Hoffen bleibt, wenn ihnen der Mut zum Ungehorsam fehlt. Der Titel des Buches von der Klimaaktivistin Carola Rackete trifft es perfekt: Wir müssen „Handeln statt Hoffen", müssen gemeinsam eine lebenswerte Zukunft, einen Wandel einfordern. Wir müssen rebellieren. Auf der Straße und nicht nur im Supermarkt.

These 8

Energiewende jetzt!

MW Die Sonne liefert unserer Erde in weniger als einer Stunde mehr Energie als die gesamte Menschheit in einem Jahr verbraucht. Theoretisch steht es also völlig außer Zweifel, dass wir ausreichend nachhaltige Energie haben, um unseren gesamten Bedarf, sei es für unsere Mobilität, zum Heizen oder Kühlen, für unsere Kommunikation und vieles mehr, decken zu können. Wenn wir dazu bedenken, dass die Sonne nicht die einzige natürliche und umweltfreundliche Energie ist, die uns zur Verfügung steht, müssten wir eigentlich sehr gelassen in eine klimafreundliche Zukunft blicken können, kommen uns doch Wind und Wasser gut zu Hilfe. Selbst wenn wir uns klarmachen, dass der weltweite Energieverbrauch in den kommenden Jahren steigen wird, sogar sehr kräftig, so liegt es doch auf der Hand, dass wir rasch den Ausbau von Sonnen-, Wind- und Wasserkraftanlagen forcieren müssen, um diesen steigenden Strombedarf nachhaltig decken zu können.

Die Vorteile sind eindeutig: Diese Arten von Energiegewinnung setzen keine Luftschadstoffe frei wie etwa Feinstaub. Die Gewinnung von Strom durch Sonne, Wind und Wasser setzt keine Treibhausgase frei und schont unser Klima. Die Nutzung von erneuerbaren Energiequellen macht uns unabhängig, da es den Import von fossilen Energieträgern, die zum

Teil aus krisenanfälligen Ländern und Regionen wie etwa dem Nahen Osten oder aus Russland kommen, reduziert. Die erneuerbaren Energieformen wurden aus diesem Grund in Deutschland zuletzt sogar schon „Freiheitsenergien" genannt.

Energie aus Sonne und Wind ist im vergangenen Jahrzehnt massiv günstiger geworden. Noch im Jahr 2009 war Solarstrom die teuerste Energieform, sie kostete damals dreimal so viel wie Kohlestrom. Heute ist Strom aus Sonnenenergie die günstigste Energieform. Ein Trend, den wir von Erdöl nicht kennen, im Gegenteil, es wird für Verbraucher immer teurer, egal ob es zum Heizen oder Autofahren genutzt wird. Den Grund für den sinkenden Preis des Sonnenstroms finden wir in den Kosten für die notwendigen Solarmodule. Waren diese zunächst noch Hightechprodukte, die lediglich in der Raumfahrt Platz fanden und unfassbar teuer waren, so sanken die Produktionskosten stetig, je mehr Module produziert wurden. Dieser Kreislauf setzte sich über die vergangenen Jahre aufgrund der steigenden Nachfrage fort. Mit jeder Verdopplung der installierten Kapazität sank der Preis der Solarmodule um ein Fünftel. Sehr ähnlich ist die Entwicklung bei Windenergie. Je mehr Windkraftanlagen gebaut werden, desto günstiger werden sie und damit auch der Strom, den sie produzieren. Diesem Trend können fossile Brennstoffe nicht folgen. Denn Sonne und Wind sind kostenlos, Erdöl und Kohle nicht.

Wenn wir die Vor- und Nachteile von erneuerbarer Energie und fossiler Energie gründlich abwägen, müsste doch sofort allen klar sein, dass wir keinen Cent mehr in den Ausbau oder weiteren Abbau von fossilen Energieformen stecken sollten, sondern mit allen Mitteln den weiteren Ausbau nachhaltiger Energiegewinnung fördern müssen. Wie aber schaut die Realität aus?

Nach wie vor dominieren fossile Energieträger unsere Stromversorgung. Noch immer werden drei Viertel der globalen Energie aus Erdöl, Kohle und Erdgas gewonnen. Unsere erneuerbaren Energien haben nur einen kleinen Anteil.

Und während ich an diesen Zeilen schreibe, verkündet Frankreich gerade, massiv in den Ausbau von Atomenergie zu investieren. Weitere 14 Atomkraftwerke sollen entstehen, zusätzlich zu den schon vorhandenen 56, die bereits in Betrieb sind. Atomkraftwerke sind an sich nicht so schlecht für unser Klima wie etwa Kohlekraftwerke, gehen aber dennoch sicherlich nicht als nachhaltig durch, selbst wenn die EU das nun so sehen will. Nach Tschernobyl und Fukushima sollten wir bei der Atomkraft auch die große Gefahr von Unfällen nicht außer Acht lassen.

Aber nicht nur die Atomkraft erlebt eine französische „Renaissance", auch mit Kohle will man vielerorts noch mehr Kohle machen und die Kollateralschäden, unser Klima betreffend, dabei in Kauf nehmen. Weltweit sind derzeit mehr als 1000 Kohlekraftwerke in Planung, sehr viele davon in China.

So wird nichts aus unserer Energiewende. Wir müssen raus aus den fossilen Energieformen, hin zu den nachhaltig erzeugten. Dazu braucht es politischen Willen und Durchsetzungsvermögen.

Der Umstieg auf erneuerbare, klimafreundliche Energie befreit uns aber nicht davor, achtsam mit Energie und sparsam mit Strom umzugehen. Viel zu oft ist es uns nicht bewusst, dass Energie einen großen Wert hat. Es soll uns niemand daran hindern, den Strom, den wir zum Beispiel für die neue Mobilität mehr brauchen werden, an anderen Stellen einzusparen. Und damit kann jede*r von uns sofort beginnen. Machen wir dem Standby ein Ende und drehen ab, ebenso das Licht in Räumen, in denen wir uns gerade nicht befinden. Ich hoffe, dass uns noch rechtzeitig ein Licht aufgehen wird, indem wir mehr Lichter abschalten.

PD Ich sitze vor einem leeren Blatt und weiß nicht, wo ich anfangen soll. Am besten vor zwei Wochen, am 2. Februar 2022. An diesem Tag hat die EU-Kommission Erdgas und Atomkraft offiziell als klimafreundlich eingestuft. Erdgas ist je nach Art der Gewinnung (etwa bei der Fracking-Methode) genauso klimaschädlich wie Kohle, und bei dem Wort „Atomkraft" denken wir vermutlich alle an verseuchte Böden, an verstrahltes Gemüse, kranke Babys. In dem Beschluss der EU-Taxonomie wurde festgelegt, welche Technologien als ökologische Investitionen gelten sollen. Nach der EU-Kommission sollen Erdgas und Atomkraft also zukünftig zum Erreichen der Klimaneutralität bis 2050 beitragen. Ziemlich paradox. Das steht nicht für ehrliche Klimapolitik, sondern für den krampfhaften Erhalt der fossilen Lobby.

Als der Beschluss feststeht, kocht Wut in mir. Das ist nichts anderes als eine niedliche Verpackung für die Finanzierung der Klimakrise. Es ist das Produkt verhängnisvoller Verstrickungen der Politik mit Großkonzernen und gesetzlich verankertes Greenwashing. Die Politik behauptet zwar, dass die jetzt gebauten Gasleitungen später mit „grünen Gasen" genutzt werden können, doch die verfügbare Menge von grünem Gas reicht dafür bei Weitem nicht aus.

Es gibt aber zahlreiche andere innovative Techniken für die Gewinnung erneuerbarer Energie. Für sogenannte „Brückentechnologien" haben wir keine Zeit mehr. Wir können nicht zuerst das *nicht ganz so klimaschädliche* Erdgas und die radioaktiven Müll produzierende Atomkraft fördern, um dann irgendwann wirklich erneuerbare Energien zu nutzen. Klimaschutz darf nicht „mal mit Gemütlichkeit" probiert werden. Um die Klimakrise zu bewältigen, müssen wir sofort auf die Nutzung erneuerbarer Energien umsteigen.

Das gilt für Österreich genauso wie für Europa. Denn wir sind eines der fünf Länder innerhalb der EU, in denen die Emissionen seit 1990 weiterhin angestiegen sind. Und das, obwohl die Politik ständig in höchsten Tönen von unserer Wasserkraft und den 88 % erneuerbarer, in Österreich erzeugter Energie schwärmt. Doch zwei Drittel der genutzten Energie importieren wir. Hauptsächlich Fossiles. Dass die Emissionen weiterhin ansteigen, haben wir dem Verkehrssektor zu verdanken. In allen anderen Sektoren sind sie nämlich gesunken. Aber durch die hohe Nutzung von fossilen Kraftstoffen hat Österreich den zweithöchsten verkehrsbedingten CO_2-Ausstoß pro Kopf der EU. Damit werden die ganzen Einsparungen zunichtegemacht. Es heißt also: Mobilitätswende (siehe These 3) und Einsparen. Tag für Tag, Sekunde für Sekunde verschwenden wir Energie. Sie geht bei der Erzeugung in den Kraftwerken genauso wie bei der Verwendung zu Hause verloren.

In einem Kohlekraftwerk werden beispielsweise 65 % der Primärenergie als Abwärme vergeudet. Würde man dieselbe Energie jedoch mit Windkraft produzieren, würde der Bedarf von Beginn an um 65 % sinken. Bei verlustfreier Wärme- und

Energieerzeugung könnte in Österreich insgesamt die Hälfte der Energie eingespart werden. Das bedeutet nicht, das Abendessen mit der Familie im Dunkeln zu verbringen oder die Wohnung mithilfe von grellen Energiesparlampen in eine Bahnhofshalle zu verwandeln. Es bedeutet, Häuser zu dämmen, den Verkehr auf die Schiene zu verlagern und Österreich in eine nachhaltig sprudelnde Energiequelle zu verwandeln. Im Moment passiert aber genau das Gegenteil: Die OMV, eines der größten Industrieunternehmen Österreichs, gehört zu den 100 klimaschädlichsten Unternehmen der Welt und wird bis 2025 weder ihre Öl- noch Gasförderungen reduzieren. Die beschlossene „ökosoziale" Steuerreform ist eine Farce. Die Gasleitung Nord Stream 2 soll Europa mit russischem Erdgas versorgen und betoniert die klimaschädliche Nutzung von Erdgas in die Zukunft ein.

Als ich mit 12 Jahren bei einem Familienurlaub am flammenförmigen Gebäude der Gazprom in St. Petersburg hinaufblickte, war ich baff. Da ahnte ich noch nicht, dass ich vier Jahre später in diesem Buch einen Absatz über die katastrophalen Auswirkungen von Erdgas schreiben würde. Nord Stream 2 ist nicht nur eine Katastrophe für das Klima, sondern schafft eine gefährliche Abhängigkeit Europas von Russland. Welche Risiken das birgt, zeigt sich vor allem im Hinblick auf die Ukraine-Krise. Umso dringlicher ist es, Energieautarkie ganz oben auf die Prioritätenliste zu setzen und in den Ausbau der Erneuerbaren zu investieren. Eine klimagerechte Energiewende muss ohne Gas und Atomkraft passieren. Das Potenzial von Wind- und Sonnenenergie ist in Österreich noch lange nicht ausgeschöpft. Genauso wenig die Verwendung von Geothermie und Umgebungs- und Abwärme.

„Und was passiert, wenn der Himmel einmal von Wolken bedeckt ist und Windstille herrscht?", fragen da die Kohle- und Gaslobbyist*innen hämisch. Dann müssen wir Wege finden, die Energie zu speichern. Fernwärmespeicher oder die Spaltung von Wasser zu Wasserstoff und Sauerstoff und anschließende Speicherung als Gas (Power-to-Gas) sind nur zwei von vielen Methoden. Durch intensive Forschung werden auch die letzten noch offenen Fragen bald geklärt werden. Außerdem kann der Strombedarf auch bei Flaute oder an bewölkten Tagen mithilfe von Kraftwerken an unterschiedlichen Standorten abgedeckt werden. Wasserkraft kann dazu dienen, die Ausfälle von Wind- oder Solarenergie auszugleichen. Die Wissenschaft hat der Politik bereits zahlreiche Vorschläge zur Umsetzung einer Energiewende gemacht. Uns wird keine Wundertechnologie plötzlich retten. Die Lösungen sind da, und sie beinhalten weder Riesenspiegel im All noch überdimensionale CO_2-Staubsauger.

Im Verbraucher*innenkosmos ist es unmöglich, immer die nachhaltigste Alternative zu wählen, wenn die Rahmenbedingungen fehlen und die Politik weiterhin den Profit der fossilen Lobby priorisiert. Damit stürzt nämlich die Welt von allen zusammen. Früher oder später müssen wir unser Klima schützen. Das Falsche zu tun, verursacht unbezahlbare Kosten. Eine Klima- und Energiewende hingegen schafft Arbeitsplätze, bessere Lebensqualität, soziale und ökonomische Gerechtigkeit. Wie engstirnig wäre es dann, jetzige fossile Konzerne sich selbst und die Erde weiterhin in den Ruin treiben zu lassen, anstatt sie zu einem Umsatteln auf erneuerbare Energien zu bewegen? Wir können das sogar kapitalistisch denken: Sind wir die Ersten, die radikalen Klimaschutz umsetzen und erneuerbare Technologien perfektionieren, dann werden andere Staaten unserer Vorreiter*innenrolle folgen, und der wirtschaftliche Gewinn wird enorm sein. Besser also, wir schützen unser Klima früher als später. Der Plan ist da. Die Regierung wurde gewählt, um ihn umzusetzen. Und wir müssen ihr den Tritt in den Allerwertesten verpassen, damit sie das auch wirklich tut.

These 9

Klimakonferenzen – Es braucht mehr als noch mehr heiße Luft und viel BLABLA!

MW Seit 1995, also seit mehr als 25 Jahren, finden große Klimakonferenzen jährlich an wechselnden Orten statt. Staats- und Regierungschefs treffen sich mit Expert*innen und versuchen gemeinsam, Lösungen im Kampf gegen den Klimawandel zu finden. Diese Weltklimakonferenzen werden COP (Conference of the Parties) genannt.

Immer wieder konnten Erfolge erzielt werden. Gleich auf der dritten Konferenz im Jahr 1997 wurden in Kyoto erstmals rechtlich verbindliche Ziele für Emissionshöchstmengen für Industrieländer international festgelegt. Einen der größten Erfolge brachte sicherlich die COP21 jene Konferenz im Jahr 2015 in Paris: Im Pariser Abkommen einigte man sich darauf, die globale Erwärmung auf deutlich unter 2 °C im Vergleich zum vorindustriellen Niveau zu begrenzen.

Immer wieder gab es aber auch Konferenzen, die scheiterten. Dazu gehört mit Sicherheit die COP15 in Kopenhagen im Jahr 2009. Mangels Einigkeit unter den teilnehmenden Nationen konnte kein Folgeabkommen für das Kyoto-Protokoll verabschiedet werden. Der damals rechtlich unverbindliche „Copenhagen Accord“ stellte nur einen

Minimalkonsens dar und sollte die Erwärmung der Erde auf maximal 2 °C begrenzen. Sehr enttäuscht war ich am Ende der COP25 in Madrid, sie fand gerade noch vor dem Ausbruch der Corona-Pandemie Ende 2019 statt. Die COP25 stand unter dem Motto „Tiempo de actuar", was übersetzt so viel heißt wie „Zeit zum Handeln". Und das war es damals auch gewesen, höchste Zeit zu handeln. Mit meiner Enttäuschung stand ich nicht allein da, die Reaktionen quer durch alle Medien stimmten unisono mit ein. So schrieb der ORF Online von einem „müden Kompromiss auf UN-Klimagipfel". Der Standard titelte: „Kein großer Wurf bei der Klimakonferenz". Im Untertitel war zu lesen: „Mehrere Entscheidungen auf 2020 verschoben". – In Anbetracht der Dringlichkeit der Klimakrise ein verheerender Aufschub, im Nachhinein gesehen umso mehr, da 2020 aufgrund der Pandemie gar keine Konferenz stattfinden konnte und wir somit weitere wertvolle Zeit im Kampf gegen die globale Erwärmung verloren haben.

Schließlich wurde die COP26 dann 2021 in Glasgow nachgeholt. Die Erwartungen waren groß, ebenso der Druck, auch durch den zuvor erschienenen neuen Bericht des Weltklimarates, der laut und deutlich Alarm schrie. Mehr als 200 Expert*innen aus 66 Ländern haben das neueste Wissen um den Klimawandel zusammengetragen und analysiert. Eine Kernaussage des Berichts ist die Feststellung: Wenn es keine sofortigen schnellen und umfassenden Verringerungen der Treibhausgasemissionen gibt, wird die Begrenzung der Erderwärmung auf 1,5 °C unerreichbar werden. Des Weiteren stellen die Klimawissenschafter*innen in ihrem Bericht klar: Viele Veränderungen aufgrund vergangener und künftiger

Treibhausgasemissionen sind über Jahrhunderte bis Jahrtausende unumkehrbar.

Der Auftakt war getragen von der Hoffnung, diesmal den großen Wurf zu schaffen, einen nachhaltigen Erfolg zu erzielen. Der britische Premierminister Boris Johnson sprach diese hohen Erwartungen auch in seiner Eröffnungsrede an. Er bezeichnete die Konferenz als „letzte Chance" für eine gemeinsame Klimaschutzpolitik. Bei einem Scheitern würde alles scheitern. UNO-Generalsekretär António Guterres appellierte ebenfalls für deutlich verschärfte Anstrengungen, um sich „nicht sein eigenes Grab zu schaufeln". Sogar Papst Franziskus betete im Vorfeld auf dem Petersplatz in Rom, dass „der Schrei der Erde und der Armen" endlich gehört werden müsse, und warnte in einer ebenfalls vor dem Klimagipfel auf BBC ausgestrahlten Ansprache vor einer „unbewohnbaren Welt". Was kann unter solchen Vorzeichen noch schiefgehen?

Sie müssen sich vorstellen, so eine Klimakonferenz ist schon eine riesige Sache mit 25.000 Teilnehmer*innen. Allerdings hagelte es gleich ein paar Absagen, die es in sich hatten. So nahm der chinesische Präsident Xi Jinping nicht teil, offiziell aufgrund der Corona-Pandemie. Dabei wäre China so wichtig gewesen, China ist derzeit jenes Land mit dem größten Ausstoß von Treibhausgasen. Der türkische Präsident Recep Tayyip Erdoğan sagte seine Teilnahme ebenfalls ab, wie auch der brasilianische Präsident Jair Bolsonaro.

Was nun im Laufe der Konferenz folgte, war eine wahre Achterbahnfahrt der Gefühle. So überraschte Indien, immerhin der drittgrößte Emittent von Treibhausgasen, mit der Ankündigung, bis 2070 klimaneutral zu werden. Eine klare und wichtige Ansage, das Jahr 2070 aber sicherlich sehr spät, wenn nicht zu spät. Auf der Habenseite steht auch die Absichtserklärung, in der 100 Staaten verlautbarten, die globale Entwaldung, also die Zerstörung unserer Wälder, bis zum Jahr 2030 zu stoppen. Unterzeichnet haben diese Absichtserklärung China, Kanada, Russland und jetzt kommt's, Brasilien. Brasilien? Soll das ein Witz sein, könnten Sie jetzt fragen – und ja, es könnte ein Witz bleiben, aus mehreren Gründen: Bis 2030 sind es noch ein paar Jahre, und in dieser Zeit kann man noch ziemlich viel abholzen. Des Weiteren gab es eine ähnliche Absichtserklärung bereits im Jahr 2014, auch wenn diese damals noch weniger Länder unterzeichnet haben. Tja und am Ende ist und bleibt es eine Absichtserklärung und damit wohl ziemlich unverbindlich und zahnlos.

In dieser Tonart ging die Konferenz weiter. Etwa beim Ausstieg aus Verbrennungsmotoren. Dieser Ausstieg soll 2040 vollzogen sein. Zumindest für 30 Staaten, darunter auch Österreich. Zu wenig und zu spät, lautet meine Einschätzung zu diesem als Erfolg verkauften Bekenntnis. Aus der Kohle wollen wir ebenfalls aussteigen. Doch auch hier lautet die Devise: „Bitte warten!“ Auch bei diesem dringend nötigen Vorhaben reden wir von den 2030er-Jahren, ärmere Länder dürfen sich sogar bis 2040 Zeit lassen. Und die drei größten Nutzer von Kohle als Brennstoff, China, Indien und die USA, sind hier nicht einmal dabei. Wie irrwitzig, ja fast schon zynisch manche Zusagen sind, zeigt Deutschland, das den Kohleausstieg Südafrikas finanziell fördern wird. Ich frage mich aber: Wer wird Deutschland dabei helfen?

Am Ende musste die Konferenz verlängert werden, man tüftelte noch an Formulierungen und weichte wichtige Passagen noch einmal auf. Der Appell an die Staaten, ihre Subventionen für alle fossilen Energieträger einzustellen, wurde nun dahingehend eingeschränkt, dass damit nur „ineffiziente“ Subventionen gemeint sind. Damit fällt die Subvention etwa von Erdgasinfrastruktur für eine Übergangsphase beim Umstieg von Kohle auf erneuerbare Energien nicht mehr unter diesen Aufruf.

Ich kann meine Enttäuschung über dieses Ende nicht in Worte fassen. Klare Worte hingegen fand die Klimaaktivistin Greta Thunberg: „BLABLABLA.“ Ja, viel heiße Luft, viele leere Worte, wenige Ergebnisse. Es ist frustrierend. Dass die Klimakonferenz am Ende kein Erfolg war, musste sogar deren Präsident mit Tränen in den Augen eingestehen. Alok Sharma äußerte sogar Verständnis für die Wut vieler Jugendlicher über den zu lange verschleppten Klimaschutz. Denn eines ist klar, alle Zusagen, Vereinbarungen und Absichtserklärungen reichen eindeutig nicht aus, um die Erderwärmung auf unter 2 °C zu begrenzen. Dieses Ziel werden wir so nicht erreichen. Und wieder verschwenden wir wertvolle Zeit und warten auf die nächste Welt-Klimakonferenz, die COP27 in Sharm el Sheikh in Ägypten.

These 10

What do we want? Climate Justice!

PD „Der Kapitalismus hat uns Wohlstand gebracht." Wie oft ich diesen Satz schon hören musste. „Den Menschen geht es so gut wie noch nie." Wie oft ich dann stundenlang diskutiert habe. In gewisser Weise stimmen diese Aussagen wohl. Die Menschheit hat sich im vergangenen Jahrhundert, in den vergangenen Jahrzehnten so schnell weiterentwickelt, dass manche nicht einmal mehr nachkommen. Die weltweite Armut ist gesunken, immer mehr sogenannte „Entwicklungsländer" werden zu „Schwellenländern", zu aufstrebenden „Industriestaaten". Doch obwohl der globale Wohlstand steigt, kommt er nicht allen zugute, der Reichtum wird alles andere als gerecht verteilt.

Von den Gewinnen, die weltweit seit den 1990ern entstanden sind, hat das reichste Prozent der Weltbevölkerung 38 % beansprucht, während die arme Hälfte nur 2 % davon bekommen hat. Die soziale Ungleichheit hat sich verstärkt. Und obwohl sich Österreich gerne als „ökosoziale Marktwirtschaft" betitelt, ist es da nicht anders. Die Ungerechtigkeit ist ja schon nicht mehr zu leugnen, wenn man in Döbling den Kopf in den Nacken legen muss, um die Villen ganz betrachten zu können, und dann im 10. Wiener Gemeindebezirk vor grauen Gemeindebauten steht. Das wohlhabendste Prozent Österreichs besitzt über 40 % des Gesamtvermögens und die ärmsten 50 % nur 2,5 % des Kapitals. Jede Person mit durchschnittlichem Nettogehalt in Österreich müsste für das Jahresgehalt des meistverdienenden Managers Österreichs über 200 Jahre Vollzeit arbeiten. Der klaffende Spalt zwischen Arm und Reich ist in Österreich sogar höher als im EU-Durchschnitt und in den USA. Das ist alles andere als sozial.

Im Moment wird eine Politik betrieben, die Benzin in das Feuer der Ungleichheit gießt. In Österreich sind vermögensbezogene Steuern in den vergangenen Jahren nämlich immer weiter gesunken. Kapital wird in Österreich im Vergleich mit dem Rest der EU um 10 % weniger besteuert, aber Arbeit um ein Fünftel mehr. Dabei sind Menschen, die erben, meistens sowieso schon reich. Das reichste Prozent der österreichischen Bevölkerung erbt im Durchschnitt 3,4 Millionen Euro, die unteren 90 % nur 120.000 Euro. Vererbtes Vermögen ist Geld, das nicht besteuert wird. Menschen, die für ihr Einkommen arbeiten gehen, werden durch Besteuerung also „bestraft", während geschenktes Einkommen belohnt wird. Die Reichen werden reicher, die Armen ärmer. Und die Reichen sind nur deswegen reich, weil andere arm sind. Auf nationaler und globaler Ebene. Obere Schichten können ihr Vermögen vermehren, weil Lohnarbeiter*innen den Staat zu über 55 % finanzieren.

Und selbst in Krisenzeiten profitieren die Unternehmen durch riesige Hilfspakete von den Steuern der Bevölkerung. Konzerne machen Gewinn, weil Menschen unter unwürdigen Bedingungen zur Arbeit gezwungen werden, die noch immer existierende Sklaverei totgeschwiegen und unser Planet ausgehungert wird. Der globale Westen, zu dem Österreich und

Europa dazugehören, lebt im Wohlstand, weil wir noch immer von der Ausbeutung des globalen Südens, die vor Jahrhunderten begonnen hat und bis heute andauert, profitieren. Doch die Reichen sind nicht nur für die Armut der anderen verantwortlich, sondern auch für die Klimakrise. Die reichsten 10 Prozent Österreichs emittieren ein Viertel der Emissionen. Und sie sind es, die sich eine kühlende Klimaanlage und einen Garten mit schattenspendenden Bäumen leisten können. Weltweit ist es noch ärger: Das reichste Prozent der Weltbevölkerung stößt durch Konsum doppelt so viel CO_2 aus wie die arme Hälfte.

Diese Welt ist so verkehrt. Denn es ist die arme Bevölkerung, größtenteils der globale Süden, für die die Klimakrise schon seit Jahren zur Lebensrealität geworden ist. Wo Hungersnöte herrschen, niedrig gelegene Inselstaaten Gebiete am Festland aufkaufen, um ihre Bewohner*innen vor dem Meeresspiegelanstieg zu retten, wo Kriege entstehen, wo Menschen flüchten. Und das, obwohl sie kaum etwas dazu beigetragen haben. Während die reichen Länder der Nordhalbkugel schon seit der industriellen Revolution blind vor Fortschrittsliebe sind, den Planeten ausrotten, Emissionen ausstoßen, leben viele Menschen im globalen Süden immer noch ohne Wasser und Strom. Und die Klimakrise nimmt ihnen diese wenigen Lebensgrundlagen. Die extreme Armut macht es unmöglich, sich daran anzupassen.

Wir lesen von den Katastrophen in der Zeitung, sehen sie in den Nachrichten, zappen weiter mit mulmigem Gefühl. Bald ist das wieder aus den Augen, bald ist das wieder aus dem Sinn. Bis die nächste Katastrophe kommt und wir die geflüchteten Menschen im Mittelmeer ertrinken lassen. Und vielleicht haben wir den letzten Absatz des Zeitungsartikels nicht gelesen oder es gibt ihn gar nicht, den letzten Absatz, in dem geschrieben steht, dass wir genau dafür verantwortlich sind. Wir erkennen nicht, dass unser Handeln Zerstörung am anderen Ende des Planeten verursacht, das Ende des Planeten verursacht und wir Teil dieser systematischen Ausrottung sind. Aber mit dieser Erkenntnis können wir das System gemeinsam stürzen, können einen Traum träumen, eine Utopie schaffen, in der alle ohne Ausbeutung in einer fairen Welt und in Wohlstand leben können. Diese Utopie hat einen Namen. Sie nennt sich Klimagerechtigkeit.

Klimagerechtigkeit bedeutet, dem armen Teil der Bevölkerung, der die Folgen trägt, die Last abzunehmen und sie denen aufzuerlegen, die dafür verantwortlich sind. Klimagerechtigkeit bedeutet, die Reichen für ihre hohen Kosten ihrer Lebensweise zahlen zu lassen, denn wir leben schon lange über unseren Verhältnissen. Ich sage mit Absicht wir. Denn wenn Sie das Privileg haben, dieses Buch lesen zu können, zählen Sie vermutlich bereits zu den reichsten 10 % der Weltbevölkerung.

Klimagerechtigkeit bedeutet, Klimaschutzmaßnahmen so zu setzen, dass nicht nur der globale Westen davon profitiert, sondern die ganze Welt. E-Autos sind das beste Beispiel für westliche Profitpolitik. Wenn E-Autos nur die heutigen Pkws ersetzen, dann geht es nicht um eine grundlegende systematische Veränderung für eine bessere Welt, sondern um oberflächlichen Klimaschutz. Denn während Europäer*innen dann stolz mit ihrem „klimafreundlichen" Fahrzeugen in den Urlaub düsen, werden die dafür benötigten Edelmetalle in Bolivien oder Australien unter sklavenähnlichen Bedingungen hergestellt. Stattdessen muss unser ganzes Mobilitätskonzept neu gedacht werden. In einer klimagerechten Welt wird es ziemlich sicher auch E-Autos geben. Aber niemals in diesem exzessiven Ausmaß wie Autos heute. Klimaschutz ist nicht dafür da, die eigene Weste grün zu waschen. Wir können nicht einzelne Teile unseres Systems durch klimafreundliche Alternativen ersetzen. Wir müssen das System als Ganzes ersetzen.

Klimagerechtigkeit bedeutet, allen Menschen ein nachhaltiges Leben in Wohlstand zu ermöglichen. Die Mehrheit der Weltbevölkerung lebt unter denselben Umständen wie wir in Europa vor 200 Jahren. Das bedeutet, kein sauberes Wasser oder Sanitäranlagen, geschweige denn eine gesundheitliche Versorgung für die Hälfte der Bevölkerung!

Am Anfang des 19. Jahrhunderts hat die Industrialisierung im Westen begonnen. Sie hat uns medizinischen Fortschritt gebracht, unser Leben durch globale Kommunikationsmöglichkeiten und die Digitalisierung radikal vereinfacht, Arbeitsplätze geschaffen. Die Maschinen haben den Menschen die harte Arbeit abgenommen, und seither dreht sich Arbeit nicht mehr um das blanke Überleben, sondern um Geld, um Kapital. Damit begann auch die Produktion in Massen, Erdöl wurde zum wichtigsten Rohstoff, die Emissionen stiegen. Und heute leben wir in einer hochentwickelten Gesellschaft, können uns selbst nur wertschätzen, wenn wir unseren Wert schätzen. Jahrhundertelang haben wir uns diesen Wohlstand durch die Unterdrückung anderer Völker, durch die Ausbeutung unseres Planeten verschafft. Und profitierten damit von einem System, das auf Machtausübung und Abhängigkeit basierte und vielen Menschen die Lebensgrundlage nahm.

Dieses System gibt es heute noch. Wir nennen es bloß nicht mehr Kolonialisierung. Die westlichen Länder wollen ihre Position als Unterdrücker nicht hergeben, und das geht nur, solange es Unterdrückte gibt. Aber die wollen sich auch „entwickeln", wollen das aufholen, was ihnen die Industriestaaten genommen haben. Sie wollen Wohlstand. Wollen Lebensqualität. Doch unser Wohlstand ist nicht der richtige. Er ist der Wohlstand der Besitzenden und die Armut derer, die besessen werden. Das ist ungerecht und klimaschädlich.

Um die Erderhitzung auf unter 1,5 °C zu begrenzen, haben wir nur noch ein gewisses CO_2-Budget, das ausgestoßen werden darf. Würde man alle Treibhausgasemissionen, die die Menschheit jemals ausstoßen dürfte, zusammenzählen und unter jedem Land im Verhältnis zur Einwohnerzahl aufteilen, käme heraus, dass Industrieländer wie Österreich ihr Budget schon längst aufgebraucht haben. Das nennt man historische Emissionen. Der globale Norden ist für 92 % der historischen Emissionen verantwortlich, der globale Süden nur für 8 %. Das sind Schulden, die sich niemals zurückzahlen lassen.

Wäre die Welt gerecht, hätten Industrieländer schon längst angefangen, klimaneutral zu werden, Negativmissionen zu produzieren, um Entwicklungsländern die Möglichkeit zu geben, sich auch Wohlstand zu verschaffen. Aber die Welt ist noch nicht gerecht. Das CO_2-Sparbuch wurde verschwendet. Wir müssen den Ländern sofort ihre Möglichkeiten zurückgeben, die wir ihnen genommen haben. Müssen sie auf ihrem Weg zu einem nachhaltigen Wohlstand, der mit Gerechtigkeit und Klimaschutz Hand in Hand geht, unterstützen. Wir sind es ihnen schuldig.

Klimagerechtigkeit bedeutet Intersektionalität. In unserer Welt sind manche Menschen mehr wert als andere. In unserer Welt haben manche Menschen Privilegien, die es nur durch die Diskriminierung anderer gibt. Rassismus, Sexismus, Ableismus, Queerphobie sind in einem System der Unterdrückung manifestiert, werden aber von denjenigen geleugnet, die davon profitieren. Die Welt ist verdammt ungerecht.

Männer besitzen rund 50 % mehr Kapital als Frauen*, die Anzahl rassistischer Morde ist so hoch, dass sie sich gar nicht mehr zählen lassen, in 69 Ländern ist Homosexualität verboten, 2021 war das tödlichste Jahr für Transgender-Personen. In vielen Ländern ist die Unterdrückung von Frauen*, LGBTQ*-Personen und anderen marginalisierten Gruppen offensichtlich und für die meisten Menschen in europäischen Staaten undenkbar. Das sind viele Welten auf einem Planeten. Wir können zwar Produkte aus jedem Breitengrad bestellen, sind durch die Globalisierung überallhin eng vernetzt, aber Menschenrechtsverletzungen anderswo kümmern uns nicht.

Auch Europa ist nicht der Himmel auf Erden, als den es sich gerne inszeniert. Diskriminierung ist eine Stütze des Systems und teilweise in Gesetzen verankert. 2019 waren 43 % aller LGBTQ*-Personen in der EU von Diskriminierung betroffen, Abtreibung wird immer mehr kriminalisiert, Österreich liegt mit 31 Femiziden im Jahr 2021 im europäischen Spitzenfeld der Frauenmorde, und Männer verdienen im Durchschnitt 18,5 % mehr Geld als Frauen*. Intersektionalität bedeutet anzuerkennen, dass viele Menschen von mehreren Arten von Diskriminierung betroffen sind, sich diese überschneiden können und dieselbe Art von Diskriminierung unterschiedliche Auswirkungen auf verschiedene Personen hat.

Sexismus bedeutet für mich, belästigt zu werden, wenn ich nachts allein mit der U-Bahn fahre, meinen Schritt zu beschleunigen, sobald ich an einer Gruppe Männer vorbeikomme, als das schwache und zarte Geschlecht zu gelten und später nicht die gleichen Karrierechancen zu haben wie Männer. Aber ich bin eine weiße Frau in einem westlichen Land. Sexismus ist für eine Person of Color oder eine Person mit Behinderung* vielleicht etwas ganz anderes. Diskriminierungsrealitäten sind so vielschichtig, sind Straßen, die sich schneiden und in deren Kreuzung die diskriminierte Person oder Gruppe steht.

Die Klimakrise zu bewältigen, bedeutet, das kaputte, alte Haus an ebendieser Straße abzureißen und weit weg ein neues aufzubauen. Das alte Haus hat Wände aus Ausbeutung, einen Boden aus Unterdrückung, ein Dach aus Diskriminierung. Das neue Haus muss aus anderen Materialien gebaut werden. Aus Gleichberechtigung, Gerechtigkeit und Nachhaltigkeit. Das neue Haus muss antisexistisch, antirassistisch und antifaschistisch sein. Klimaaktivist*innen träumen oft von dieser neuen Welt. Sie werden oft „Anti-Alles" genannt. Es wird so schnell vergessen, dass diese Wörter beschreibend *für* eine feministische, demokratische Welt sind, in der Gerechtigkeit und Menschlichkeit Priorität haben. Eine Welt, die frei ist von Rollenbildern und Zwängen, Diskriminierung und Unterdrückung. Aber um diese Utopie Realität werden zu lassen, müssen wir zuerst kritisieren, was unser jetziges System so unmenschlich macht, und genau das mit einem Wandel überwinden.

Es darf nicht passieren, dass in einem reformierten System noch immer „alte weiße Männer" die Macht haben, rund 50 % mehr Kapital besitzen als Frauen* und Rassismus,

Queerphobie etc. weiterhin tief in den Strukturen verankert bleiben. Gerade laufen wir Gefahr, genau diese Ungleichheiten zu verstärken. Die Klimakrise ist eine Menschheitskrise, und sie ist eine Lupe, die alle anderen Krisen vergrößert. Der Abgrund zwischen Arm und Reich vertieft sich, Klima*un*gerechtigkeit entsteht, weil diejenigen, die am wenigsten dazu beigetragen haben, die Folgen ausbaden müssen. Diskriminierte Gruppen sind schlechter situiert und haben kaum finanziellen Rückhalt. Wie radikal sich diese Ungerechtigkeiten in Krisenzeiten verschärfen, hat uns die Pandemie gezeigt. Und wenn eine Krise unsere Ökosysteme zerstört, Naturkatastrophen auslöst, Fluchtbewegungen und Kriege verursacht, dann kann mir niemand erzählen, dass die Probleme, die wir jetzt schon haben, nicht noch schlimmer werden.

Die Klimakrise zwingt uns zu einem Wandel, indirekt haben wir uns selbst zu einem Wandel gezwungen. Nichts kann so weitergehen wie bisher, wenn wir die Welt in 50 Jahren noch wiedererkennen wollen. Wenn wir also schon die Klimakrise lösen, wieso dann nicht auch gleich die anderen Probleme? Alle anderen Thesen in diesem Buch sind nutzlos ohne die beiden Thesen von Klimagerechtigkeit und Systemwandel. Wenn Klimaschutz antisexistisch, antirassistisch und antifaschistisch ist, dann haben wir eine Welt zu gewinnen.

Erste Generation

MW Es ist Februar 2022, und draußen hat es gute 20 °C. Das Jahr hat so warm begonnen wie noch kein Jahr zuvor in Österreich seit Beginn der Messungen vor mehr als 250 Jahren. Noch niemand von uns hat je zuvor einen Neujahrstag wie diesen erlebt. Plus 18,8 °C waren es in Köflach in der Steiermark. Das Jahr ist noch keine zwei Monate alt, und wir haben bereits eine unfassbare Hitzewelle in Argentinien erlebt und in Australien den Hitzerekord der Südhalbkugel eingestellt, wir sprechen von unvorstellbaren plus 50,7 °C in Onslow. Die CO_2-Konzentration hat einen neuen Rekordwert mit über 421ppm erreicht. Wer also noch immer auf ein Zeichen wartet, kann aus einer langen Liste, die jede Woche noch länger wird, wählen.

Der Klimawandel ist real und längst auch bei uns angekommen. Die aktuelle globale Erwärmung ist von uns Menschen gemacht. Der Klimawandel ist wissenschaftlich völlig klar. Die steigenden Temperaturen weltweit und alle damit einhergehenden Folgen stellen eine ernste Bedrohung für uns dar. Der Klimawandel ist derzeit noch lösbar.

Die Zeit spielt dabei eine große Rolle. Zu viel Zeit haben wir bereits ungenutzt verstreichen lassen. Wir selbst oft aus Bequemlichkeit, manchmal auch aus Unsicherheit oder Unwissen. Die Politik hat viel zu lange wichtige Entscheidungen vor sich hergeschoben, geht es doch um jede Stimme bei der nächsten Wahl. Was aber ist eine Stimme mehr oder weniger im Vergleich zu einer sauberen, gesunden und gerechten

Zukunft? Und ich glaube immer noch, dass man mit guter Politik die Vorteile eines guten Klimas und die Notwendigkeit von Veränderungen erklären und die große Mehrheit des Volkes dazu begeistern kann. Das wäre eigentlich die ureigenste Funktion der Politik – sich für eine gute Zukunft für ALLE einzusetzen.

Es gibt viele Gründe, den Klimawandel und die globale Erwärmung zu fürchten. Handeln wir nicht oder zu spät, schlittern wir direkt von der Klimakrise in eine Klimakatastrophe. Wenn das passiert, gibt es kein Zurück. Unsere Erde würde sich weiter erhitzen, und wir können nur noch zusehen, wie der Planet Stück für Stück unbewohnbar wird.

Mit diesem Buch wollen wir Ihnen aber die Angst vor dem Klimaschutz nehmen. Er kann dazu beitragen, soziale Ungerechtigkeiten zu beseitigen, und führt uns alle zu mehr Lebensqualität und Gesundheit in einer sauberen Zukunft.

Sie sind damit nicht allein! Jeder kann seinen Beitrag leisten. Und gemeinsam werden wir es schaffen.

PD Klappen Sie nun dieses Manifest zu. Atmen Sie durch. Und dann fangen Sie an, die Welt zu retten. Engagieren Sie sich bei Klimagerechtigkeitsbewegungen wie „Fridays for Future", „System Change, not Climate Change!", dem „Jugendrat" oder NGOs wie „GLOBAL 2000" oder „Greenpeace". Unterzeichnen Sie Petitionen für Klimaschutz und gegen schädliche Projekte, streiken Sie und demonstrieren Sie! Auf den Social-Media-Kanälen und Websites der oben genannten Bewegungen sind Sie immer up to date. Sprechen Sie mit Ihrer Familie, Ihren Freund*innen, Ihren Bekannten über die Klimakrise, sodass Sie einander gegenseitig die Angst nehmen und Hoffnung geben können. Erheben Sie Ihre Stimme und vereinen Sie sich gegen die Ignoranz der Politik! Organisieren Sie mit anderen Kundgebungen und Demonstrationen, seien Sie da und seien Sie laut! In Ihnen steckt ein*e Klimaaktivist*in. Gemeinsam sind wir die *erste Generation*, die den Traum von Klimagerechtigkeit wahr werden lässt.

Verwendete und weiterführende Quellen

Stand März 2022

Erderwärmung von 3 °C:

https://ourworldindata.org/future-emissions

https://picturing.climatecentral.org/location/53.54082,10.075419

https://coastal.climatecentral.org/map/8/8.6483/50.7066/?theme=warming&map_type=multicentury_slr_comparison&basemap=roadmap&elevation_model=best_available&lockin_model=levermann_2013&refresh=true&temperature_unit=C&warming_comparison=%5B%221.5%22%2C%223.0%22%5D

Klimakrise:

Uhl-Hädicke, Isabella: Warum machen wir es nicht einfach? Die Psychologie der Klimakrise. Wien–Graz: Molden 2022.

Wetterextreme:

https://www.diepresse.com/6028864/45-tote-nach-ueberschwemmung-in-new-york-die-klimakrise-ist-da

https://www.klimafakten.de/behauptungen/behauptung-der-zusammenhang-von-extremwettern-und-klimawandel-ist-nicht-eindeutig

Gletscherschwund in Österreich:

https://www.global2000.at/klimawandel-oesterreich

UN-Umfrage zum Klimawandel:

https://www.dw.com/de/un-umfrage-zwei-drittel-der-menschheit-halten-klimawandel-f%C3%BCr-globalen-notfall/a-56360155

Regenwald – Kippelement im Klimasystem:

https://www.energiezukunft.eu/umweltschutz/bolsonaros-kahlschlag/

https://www.nature.com/articles/s41558-021-01026-5

Klimafunktion des Waldes:

https://www.holzistgenial.at/blog/10-fakten-zum-wald-in-oesterreich/

https://www.wwf.de/themen-projekte/waelder/wald-und-klima/waelder-und-klimaschutz

Indigene Völker:

https://www.nationalgeographic.de/umwelt/2021/07/brasilien-immer-mehr-attacken-auf-indigene-voelker-im-amazonas-regenwald

Bauprojekt Lobautunnel und -autobahn:

https://www.wienschauen.at/lobautunnel-vollgas-in-die-vergangenheit/

https://www.fvv.tuwien.ac.at/fileadmin/mediapool-verkehrsplanung/Bilder/Forschung/Online_Volltext_Publikationen/tu-auswirkungen-lobauautobahn.pdf

https://www.derstandard.at/story/2000131921235/lobau-organisationen-geben-stadt-48-stunden-fuer-ruecknahme-der-klagsdrohungen

https://orf.at/stories/3245908/

Wärmewende:

Wien Energie Positionen: https://positionen.wienenergie.at/themen/waermewende/

https://www.kleinezeitung.at/wirtschaft/5968089/Bund-und-Laender-einig_Heizen-in-Oesterreich-kuenftig-ohne-Oel-Gas

Ausstieg von Kohle-, Öl- sowie Gasheizungen:

https://www.trend.at/politik/oel-gasheizungen-ausstieg-12002999

Erdöl:

https://www.sonnenseite.com/de/energie/oel-ist-nicht-gleich-oel/

https://utopia.de/ratgeber/erdoel-darum-ist-es-fuer-die-umwelt-und-das-klima-so-problematisch/

EU – fossile Subventionen: https://www.ots.at/presseaussendung/OTS_20211013_OTS0025/subventionen-fuer-fossile-energie-steigen-weiter

CO2-Emissionen der Konzerne:

https://kontrast.at/corona-klima/

Negativemissionen:

https://www.myclimate.org/de/informieren/faq/faq-detail/was-sind-negativemissionen/

„Mobilität mit Zukunft":

https://www.vcoe.at/

Klimakonferenzen:

https://www.europarl.europa.eu/infographic/climate-negotiations-timeline/index_de.html

https://taz.de/Lobbyismus-auf-der-Klimakonferenz/!5813564/

https://www.kath.ch/newsd/papst-ueber-den-klimagipfel-hoert-den-schrei-der-erde-und-der-armen/

https://de.wikipedia.org/wiki/UN-Klimakonferenz_in_Glasgow_2021#:~:text=UNO%2DGeneralsekret%C3%A4r%20Ant%C3%B3nio%20Guterres%20appellierte,britische%20Pr%C3%A4sident%20der%20COP%2026

Wohnen:

https://www.umweltbundesamt.de/daten/private-haushalte-konsum/wohnen

https://www.derstandard.at/story/2000132539273/leerstehende-wohnungen-mobilisieren-aber-wie

Wagner, Gernot: Stadt, Land, Klima. Warum wir nur mit einem urbanen Leben die Erde retten. Wien: Brandstätter 2021.

Massentierhaltung:

Fleischatlas: https://www.global2000.at/sites/global/files/Fleischatlas-2021.pdf

Bohrn Mena, Sebastian: Besser Essen. Wie wir von unserem Teller die Welt verändern. Wien: Goldegg 2020.

https://tierschutzverein.at/eintagskueken/

„Klimawandel auf dem Teller":

https://www.wwf.de/fileadmin/user_upload/Klimawandel_auf_dem_Teller.pdf

Ungleichheitsbericht 2022:

https://wid.world/news-article/world-inequality-report-2022/

Schere zwischen Arm und Reich:

Rogenhofer, Katharina: Wenn sich nichts ändert, ändert sich alles. Warum wir jetzt für unseren Planeten kämpfen müssen. Wien: Zsolnay 2021.

https://ooe.arbeiterkammer.at/service/broschuerenundratgeber/steuerundeinkommen/B_2021_Vermoegensverteilung.pdf

Verdienst von Männern und Frauen:

https://orf.at/stories/3234050/

„Klimapolitik muss die extrem Reichen treffen":

https://kontrast.at/co2-ausstoss-verursacher/

LGBTQ*:

https://www.lsvd.de/de/ct/1245-LGBT-Rechte-weltweit-Wo-droht-Todesstrafe-oder-Gefaengnis-fuer-Homosexualitaet

https://transrespect.org/en/tmm-update-tdor-2021/

https://ec.europa.eu/info/policies/justice-and-fundamental-rights/combatting-discrimination/lesbian-gay-bi-trans-and-intersex-equality/lgbtiq-equality-strategy-2020-2025_en

Abtreibung:

https://www.euractiv.de/section/gesundheit-und-verbraucherschutz/news/verschaerftes-abtreibungsrecht-nicht-nur-in-polen-ein-thema/

Bibliografische Information der Deutschen Nationalbibliothek
Die Deutsche Nationalbibliothek verzeichnet diese Publikation in der Deutschen Nationalbibliografie; detaillierte bibliografische Daten sind im Internet über http://dnb.d-nb.de abrufbar.

1. Auflage 2022

Servitengasse 5, A-1090 Wien
www.braumueller.at

Umschlag Porträtfotos:
Marcus Wadsak: © Irene Schaur; Paula Dorten: © Alexander Dorten
Umschlag Warming Stripes: © Ed Hawkins, CC BY 4.0
Druck: FINIDR, s.r.o., Lípová 1965, 737 01 Český Těšín
ISBN 978-3-99100-346-5